Helen Pilcher

IM TAKT
DER NATUR

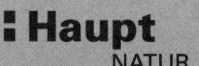

: Haupt
NATUR

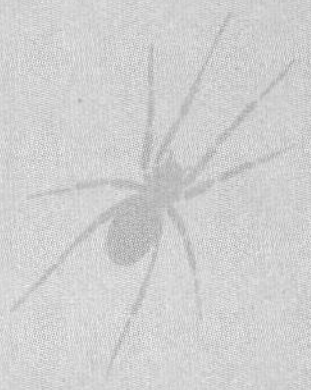

Helen Pilcher

IM TAKT
DER NATUR

Rhythmen und Zyklen des Lebens
oder warum Koalas lange schlafen

Übersetzt von Monika Niehaus, Martina Wiese und Coralie Wink

Haupt Verlag

1. Auflage: 2023

ISBN 978-3-258-08340-7

Aus dem Englischen übersetzt von Monika Niehaus,
D-Düsseldorf, Martina Wiese, D-Cölbe, und Coralie
Wink, D-Dossenheim
Satz und Umschlag der deutschsprachigen Aus-
gabe: Die Werkstatt Medien-Produktion GmbH,
D-Göttingen

Die englischsprachige Originalausgabe erschien
2023 unter dem Titel *How Nature Keeps Time.
Understanding Life Events in the Natural World*
bei Bloomsbury Wildlife, Großbritannien

Copyright © 2023 UniPress Books Limited
Konzept, Gestaltung und Produktion:
UniPress Books Limited, www.unipressbooks.com
Gedruckt in China

MIX
Paper | Supporting
responsible forestry
FSC® C007683

Um lange Transportwege zu vermeiden, hätten wir
dieses Buch gerne in Europa gedruckt. Bei Lizenz-
ausgaben wie diesem Buch entscheidet jedoch der
Originalverlag über den Druckort. Der Haupt Verlag
kompensiert mit einem freiwilligen Beitrag zum
Klimaschutz die durch den Transport verursachten
CO_2-Emissionen. Wir verwenden FSC®-zertifiziertes
Papier. FSC® sichert die Nutzung der Wälder gemäß
sozialen, ökonomischen und ökologischen Kriterien.

Diese Publikation ist in der Deutschen National-
bibliografie verzeichnet. Mehr Informationen dazu
finden Sie unter http://dnb.dnb.de.

Der Haupt Verlag wird vom Bundesamt für Kultur
für die Jahre 2021–2024 unterstützt.

Sie möchten nichts mehr verpassen? Folgen Sie uns
auf unseren Social-Media-Kanälen und bleiben Sie
via Newsletter auf dem neuesten Stand.
www.haupt.ch/informiert

Wir verlegen mit Freude und großem Engagement
unsere Bücher. Daher freuen wir uns immer über
Anregungen zum Programm und schätzen Hinweise
auf Fehler im Buch, sollten uns welche unterlaufen
sein.

www.haupt.ch

INHALT

1 EVOLUTIONÄRE ZEITSPANNEN

2 ÖKOLOGISCHE ZEITSPANNEN

EINFÜHRUNG

ALLES IST ZEIT

Laut Vertretern der Urknalltheorie begann die Zeit vor rund 13,8 Mrd. Jahren mit einer verheerenden Explosion. Diese führte zur Entstehung von Energie und Materie und letztlich auch des Planeten, auf dem wir leben.

Heute wimmelt die Erde von Leben und Ereignissen, die wir hier aus der Perspektive der Zeit betrachten. In jedem Kapitel des Buches erkunden wir eine andere Art von Zeitspanne, die diese natürlichen Ereignisse beanspruchen, um herauszufinden, wie die Natur im Takt bleibt.

Evolutionäre Zeitspannen zeichnen Geschichten von globalem Maßstab nach, wie den Landgang des Lebens, das Auslöschen von Arten und das Aufkommen eines Primaten, der mächtig genug ist, die Erde zu zerstören.

Ökologische Zeitspannen beschreiben die Dynamik von Ökosystemen. So gestalten Biber ihr mustergültiges Süßwasser-Ökosystem in wenigen Wochen, und die verwesenden Überreste eines Blauwals können ein Ökosystem in der Tiefsee schaffen, das jahrzehntelang für Leben sorgt.

Lebensspannen (auch «Lebensdauer») bezeichnen die Zeit zwischen Lebensanfang und -ende. Eine adulte Eintagsfliege erlebt nicht einmal einen ganzen Tag, wohingegen der älteste lebende Einzelbaum über 4500 Jahre alt ist.

Wachstumsspannen wiederum betreffen die Entwicklung innerhalb der Lebenszeit. Um zwei Extremfälle zu nennen: Der Grönlandhai erlangt erst mit 150 Jahren die Geschlechtsreife, während der Axolotl lebenslang seine juvenile Form behält.

Verhaltensbiologische Zeitspannen gelten für die Art und Weise, in der Organismen auf ihre Umwelt reagieren. Zu beobachten sind lange Zeiträume, wie bei der Wanderung des Distelfalters, oder kürzere, wie die in Millisekunden zuschnappenden Fallen des fleischfressenden Wasserschlauchs.

Biologische Zeitspannen schließlich hängen von physiologischen Prozessen wie dem Stoffwechsel oder der Hormonproduktion ab. Von der Zahl der Atemzüge pro Minute bis zur Dauer von Darm- und Blasenentleerung zeichnen diese Intervalle die angeborenen Prozesse nach, durch die Organismen funktionieren und überleben. Erforschen wir nun, wie die Natur im Takt bleibt.

Das Leben eines Distelfalters mag nur wenige Wochen dauern, doch in dieser Zeit legt er Tausende von Kilometern zurück.

LASS ES DIR GUT GEHEN

Ob es der Blütenflor einer Wildblumenwiese oder das anrührende Lied einer Amsel in der Abenddämmerung ist – die Natur trägt zu unserem Wohlbefinden bei. Das wissen wir intuitiv, doch in den letzten Jahren haben auch wissenschaftliche Studien empirisch belegt, dass wir alle von «Doktor Natur» profitieren können.

Es ist erwiesen, dass der Aufenthalt im Grünen das körperliche und seelische Wohlergehen fördert. Menschen, die in einer naturbelassenen Umgebung leben, entwickeln seltener Herz-Kreislauf-Erkrankungen, Fettleibigkeit und Diabetes. Zudem berichten sie von weniger Stress, besserem Schlaf, besserer Gesundheit und größerem Wohlbefinden.

Zeit in der Natur zu verbringen, hat so große Vorteile, dass Ärzte in einigen Ländern bereits «grüne Rezepte» anbieten, mit denen Patienten aktiv zum Aufenthalt in der Natur angehalten werden. Bei einem Projekt in Neuseeland fühlten sich zwei Drittel der Rezeptempfänger nach 6 Monaten gesünder und waren aktiver. Außerdem wird Ökotherapie, bei der man an

DIE ENTWICKLUNG DES STADTLEBENS

vor **300 000** Jahren

vor **6 000** Jahren

Homo sapiens entwickelt sich.

Die ersten Städte entstehen.

Outdoor-Aktivitäten wie Gärtnern oder Gruppenwanderungen teilnimmt, als mögliche Behandlung gegen einige Formen der Depression erforscht.

Das klingt großartig, aber wir sind alle viel beschäftigt. Was ist demnach die optimale «Dosis» an Natur, die wir «einnehmen» sollten? Auch hier bietet die Wissenschaft Antworten. Laut einer Studie von 2019 mit fast 20 000 Personen genügen pro Woche schon 2 Stunden Aufenthalt im Grünen, um sich zufriedener und gesünder zu fühlen. Egal ob ein ausgedehnter Spaziergang oder mehrere kurze Ausflüge – Zeit in der Natur tut Körper und Seele gut, und das gilt für jeden, unabhängig von Alter, Geschlecht, Gesundheitszustand oder Behinderungen.

Wir alle kennen Appelle aus dem Gesundheitswesen, fünfmal täglich Obst und Gemüse zu essen oder 150 Minuten pro Woche Sport zu treiben. Doch nun ist es vielleicht an der Zeit, auch die gesundheitsfördernde Wirkung der Natur lautstark zu propagieren.

WARUM WIR UNS IN DER NATUR WOHLFÜHLEN

Laut dem Biologen Edward O. Wilson liegt das daran, dass wir ein Teil der Natur sind. Die Evolution unserer Spezies trainierte unser Gehirn darauf, positiv auf natürliche Landschaftselemente wie Flüsse, Wälder und Savannen zu reagieren, die unseren Vorfahren das Überleben sicherten. Diese Idee formulierte Wilson 1984 als «Biophilie-Hypothese».

vor **10** Jahren

2050

In Städten leben mehr Menschen als auf dem Land.

70 % der Menschen werden in Städten leben.

DIE UHREN DER NATUR

Von der mechanischen Wanduhr zur digitalen Armbanduhr haben wir über die Jahrhunderte immer genauere Zeitmesser erfunden, doch die Natur hat ebenfalls ein eindrucksvolles Inventar an «Uhren» vorzuweisen. Einige betreffen das große Ganze und geben Schlüsselereignisse über Zeiträume von Jahrmillionen an, während andere die Änderungen dokumentieren, die in einem einzigen kurzen Leben erfolgen. Sie sind vielleicht nicht so präzise wie eine Atomuhr, die in 100 Mio. Jahren eine Abweichung von nur einer Sekunde aufweist, doch was den Uhren der Natur an Genauigkeit fehlt, machen sie mit ihrer bunten Fülle an Informationen mehr als wett.

So erzählt der Fossilbericht die eindrucksvolle Geschichte des irdischen Lebens. Sedimente lagern sich Schicht um Schicht aufeinander und jede einzelne birgt die versteinerten Überreste von Organismen aus der betreffenden Periode. Die Erforschung dieser Schichten, die Stratigrafie, hilft Paläontologen, das relative Alter von Fossilien zu bestimmen.

Beispiele für im Gestein gefundene Fossilien

FOSSILIEN IN DER ERDE

Stratum 1
Stratum 2
Stratum 3
Stratum 4
Stratum 5
Stratum 6

WIE MAN DAS ALTER EINES FOSSILS SCHÄTZT

Sedimentgesteinsschichten nennt man Strata. Die unten liegenden Strata lagerten sich zuerst ab, sind also älter als die Schichten darüber. Solche Informationen helfen bei der Altersbestimmung von Fossilien. In der Grafik unten muss der graue Trilobit in Stratum 4, 5 und 6 älter sein als die grüne Muschel, denn diese findet sich nur in Stratum 3. Sie ist aber ihrerseits älter als der rote Krebs, der sich nur in Stratum 2 findet.

RADIOMETRISCHE DATIERUNG

Mit der Stratigrafie lässt sich das relative Alter eines Fossils schätzen, aber um sein absolutes Alter in «Jahrmillionen» zu bestimmen, braucht man andere Verfahren. Eines davon, die radiometrische Datierung, beruht auf der Tatsache, dass bestimmtes Gestein instabile oder radioaktive Atome enthält, die in einer vorhersagbaren Geschwindigkeit zerfallen.

Wissenschaftler können beispielsweise Uran, Kalium oder Kohlenstoff untersuchen. Indem sie die Anzahl der radioaktiven Atome in einem Gesteinsbrocken messen und sie mit der Anzahl der erzeugten stabilen Atome vergleichen, können sie schätzen, wie viel Zeit seit der Bildung des Gesteins vergangen ist.

BEISPIELE FÜR DIE ALTERSSPANNE BEKANNTER FOSSILIEN

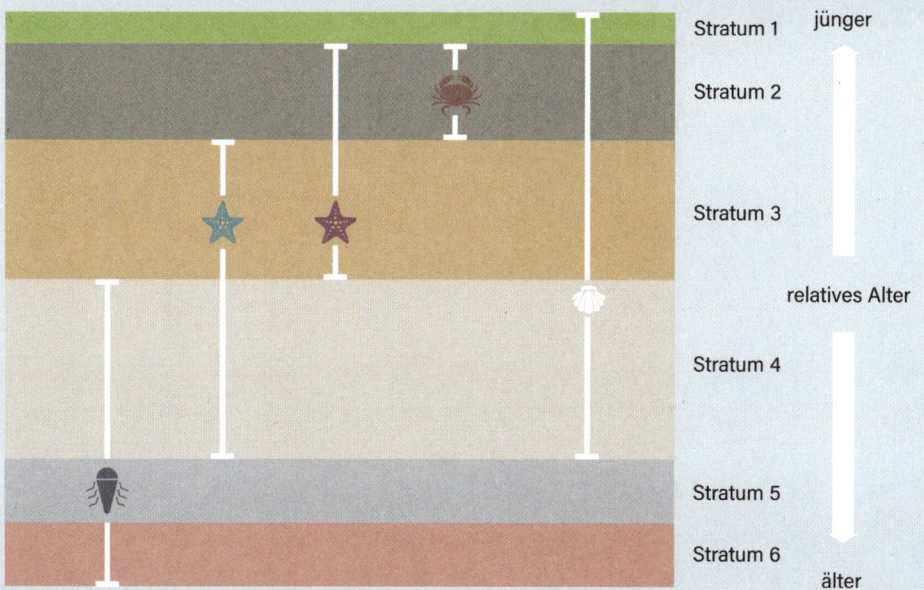

Stratum 1 — jünger

Stratum 2

Stratum 3

relatives Alter

Stratum 4

Stratum 5

Stratum 6 — älter

LEBENDE UHREN

An Baumringen lässt sich die Zeit ablesen. Die abwechselnd hellen und dunklen Kreise dokumentieren nicht nur das Alter des Baumes, sondern auch die Bedingungen, denen er in seinem Leben ausgesetzt war.

Gleiches gilt für das Ohrenschmalz von Walen. Im Lauf ihres Lebens bilden sich in ihrem Ohrkanal dichte lipid- und wachshaltige Schichten. Findet man einen gerade gestorbenen Wal, kann man die langen, dünnen Ohrenschmalzpfropfen entnehmen. In ihrem Längsschnitt ist eine Reihe heller und dunkler Bänder zu sehen, deren Anzahl auf das Alter des Tieres schließen lässt – die Ohrpfropfen sind also so etwas wie eine Uhr.

Zudem verraten sie etwas über das Leben des Wals. In ihrem oft sehr langen Leben sind Wale unweigerlich Stress ausgesetzt. Dann produzieren

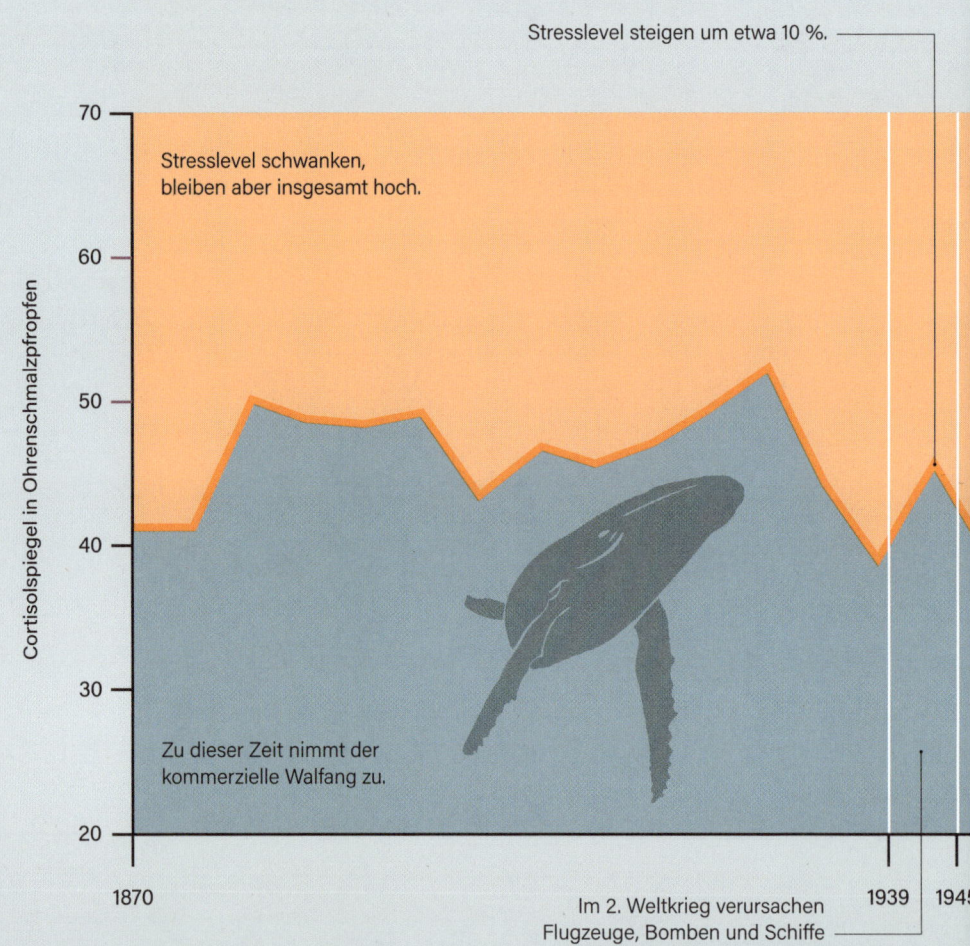

Menschliche Aktivitäten beeinflussen Walstress

Stresslevel steigen um etwa 10 %.

Stresslevel schwanken, bleiben aber insgesamt hoch.

Cortisolspiegel in Ohrenschmalzpfropfen

Zu dieser Zeit nimmt der kommerzielle Walfang zu.

70

60

50

40

30

20

1870

Im 2. Weltkrieg verursachen Flugzeuge, Bomben und Schiffe eine hohe Lärmbelastung.

1939   1945

sie das Hormon Cortisol, das sich im Ohrenschmalz ablagert. An Proben aus verschiedenen Punkten im Schmalzpfropfen, die unterschiedliche Lebenszeiten repräsentieren, lassen sich die mit der Zeit auftretenden Schwankungen im Cortisolspiegel und somit auch im Stresslevel des Wals ablesen.

Bei einer Studie von 2018 sammelten Forscher Ohrenschmalzdaten von 20 Walen, die einen Zeitraum von 150 Jahren abdeckten. Die Höchstwerte des Cortisolspiegels, die starken Stress anzeigten, deckten sich mit Phasen nachteiliger menschlicher Aktivitäten wie kommerziellem Walfang oder Krieg. Angesichts der derzeitigen Erwärmung der Ozeane steigt der Stresslevel der Wale erneut. Die Studie weist also auf die schädlichen Auswirkungen unseres Handelns auf diese sanften Riesen hin.

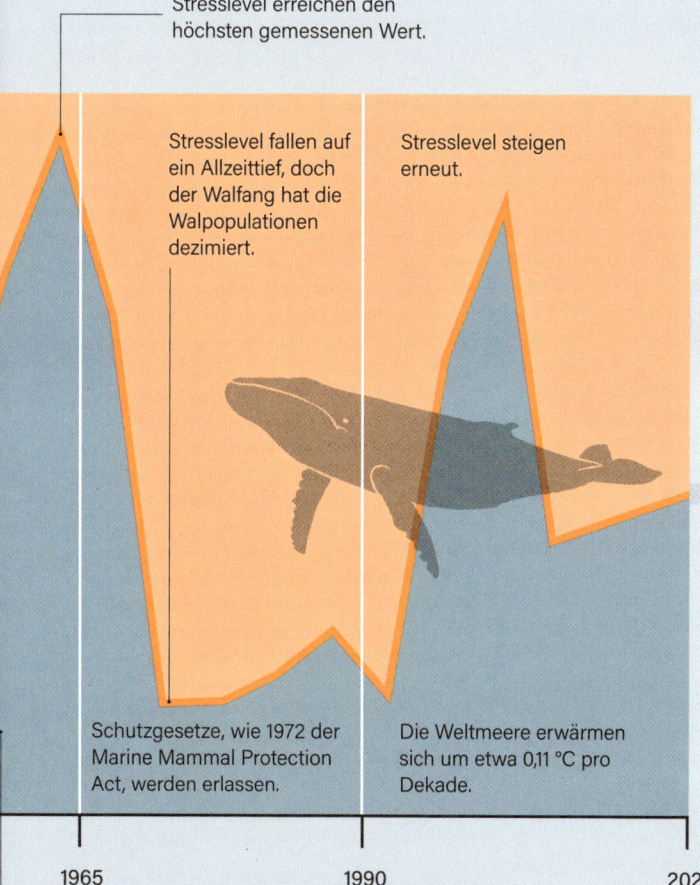

Stresslevel erreichen den höchsten gemessenen Wert.

Stresslevel fallen auf ein Allzeittief, doch der Walfang hat die Walpopulationen dezimiert.

Stresslevel steigen erneut.

Schutzgesetze, wie 1972 der Marine Mammal Protection Act, werden erlassen.

Die Weltmeere erwärmen sich um etwa 0,11 °C pro Dekade.

1965

1990

2020

Nach dem Krieg erreicht der kommerzielle Walfang in den 1960er-Jahren seinen Höhepunkt.

LEBEN IN ZEITLUPE

Man sagt, dass die Zeit im Flug vergeht, wenn man Spaß hat, und andererseits wissen wir, wie sie sich dahinschleppt, wenn Arbeiten im Haushalt zu erledigen sind. Diese Empfindungen sind uns allen vertraut, doch in Experimenten hat sich gezeigt, dass einige Tierarten ihre Zeitwahrnehmung sogar an ihre Bedürfnisse anpassen können.

Zeitwahrnehmung beruht auf der Geschwindigkeit, mit der das Gehirn eingehende Informationen verarbeiten kann. Das ist messbar, indem man Tieren Lichtimpulse in immer kürzeren Abständen präsentiert. Irgendwann ist ein Punkt erreicht, an dem die Lichtblitze so schnell auftreten, dass sie zu einem kontinuierlichen Leuchten verschwimmen. Dann spricht man von der Flimmerfusionsfrequenz. Der Moment dieses Übergangs lässt sich mit Elektroden feststellen, die die Hirnaktivität messen.

Studien zeigen, dass kleine, flinke Tiere höhere Frequenzen flackernden Lichts erkennen können als größere Tiere mit einem langsameren Stoffwechsel. Aus evolutionärer Sicht ist es sinnvoll für Tiere, die sich schnell bewegen müssen – um nicht gefressen zu werden oder eine flinke Beute zu fangen –, Zeit langsamer wahrzunehmen und blitzschnell zu reagieren. Für dieselben Tiere ist es auch sinnvoll, ihre Zeitwahrnehmung zu ändern, wenn schnelle Reaktionen, beispielsweise in Ruhephasen, nicht mehr erforderlich sind.

Zeitwahrnehmung bei Tieren in Relation zu der des Menschen

STUBENFLIEGE
6,8-mal langsamer

EUROPÄISCHER AAL
2,8-mal schneller

RHESUSAFFE
2,4-mal langsamer

LEDERSCHILDKRÖTE
2,7-mal schneller

SCHWARZNASENHAI
2,2-mal schneller

HUND
2-mal langsamer

KATZE
1,4-mal langsamer

TIGERSALAMANDER
1,3-mal schneller

MENSCH

1
EVOLUTIONÄRE ZEITSPANNEN

EINLEITUNG

Seit mehr als 3,5 Mrd. Jahren gibt es Leben auf der Erde, und seitdem hat sie viele Hundert Millionen Arten (Spezies) beherbergt. Heute leben Schätzungen zufolge rund 9 Mio. unterschiedlicher Arten auf unserem Planeten, und mehr als 98 % aller Arten, die jemals gelebt haben, sind inzwischen ausgestorben.

Einzeller waren die ersten Lebewesen, die sich auf der Erde entwickelten, und als sie begannen, miteinander zu kooperieren und vielzellige Organismen zu bilden, kam es zu einer Explosion der Artenvielfalt. Irgendwann war diese Artenvielfalt nicht mehr auf das Meer beschränkt, sondern Lebewesen krochen an Land, besiedelten es, und später wandten die Vorfahren der Wale und Delfine dem Land sogar wieder den Rücken zu und kehrten ins Wasser zurück. Zu dieser Zeit beherbergte unser Planet Pilze, so hoch wie Bäume, Biber, so massig wie Bären, und Libellen, so groß wie Schleiereulen.

Die Evolution ist der Prozess, der Lebewesen erlaubt, sich im Lauf der Zeit zu verändern, und sie hat zur Entwicklung derart vieler faszinierender Lebensformen geführt. In manchen Fällen findet Evolution über unvorstellbar riesige Zeitspannen statt, und die Veränderungen sind so geringfügig und langsam, dass sie unter Umständen kaum auffallen. In anderen Fällen lässt sich Evolution über viel geringere Zeitspannen ausmachen, manchmal sogar innerhalb einer einzigen menschlichen Lebensspanne. Wie wir noch sehen werden, kann sich Leben über Millionen oder gar Milliarden Jahre entwickeln, sich aber auch im Lauf von Jahrzehnten oder sogar innerhalb eines einzigen Jahres verändern.

Der Vorfahr der Wale war ein landlebendes Säugetier, das vor rund 50 Mio. Jahren ins Meer zurückkehrte.

DIE GESCHICHTE DES LEBENS – ALS OB SICH ALLES AN EINEM EINZIGEN TAG ABGESPIELT HÄTTE

Die Erde entstand vor ungefähr 4,5 Mrd. Jahren, als Materie, die bei der Bildung der Sonne übrig geblieben war, miteinander kollidierte und verschmolz. In der darauffolgenden Zeit hat unser Planet enorme Veränderungen durchgemacht, darunter die Geburt unseres Mondes, die Entstehung unserer Meere und natürlich die Entwicklung von Leben. Doch würde man die Geschichte der Erde in einem einzigen Tag zusammenfassen, wie würde dieser «Tag» dann ablaufen?

12 Stunden evolutionärer Meilensteine

HEUTE

4.54

MILLIARDEN JAHRE VOR HEUTE

MILLIARDEN JAHRE VOR HEUTE

1.1

3.4

2.3

Jede Sekunde stellt 100 000 Jahre dar.
Jede Minute stellt 6 Mio. Jahre dar.
Jede Stunde stellt 360 Mio. Jahre dar.

In den allerersten Stunden herrscht Chaos, denn es kommt ständig zu Vulkanausbrüchen und Meteoriteneinschlägen aus dem All. Die Erde ist sehr heiß, es dauert eine Weile, bis sie abkühlt. Erstes Leben tritt um 2.45 Uhr auf – einzellige Organismen, die als Prokaryoten bezeichnet werden.

Zwei Stunden später verschlingt eine prokaryotische Zelle eine andere; daraus entwickeln sich die allerersten Zellen, die einen Zellkern enthalten, sogenannte eukaryotische Zellen. Viele Stunden später, etwa um 10.25 Uhr, schließen sich Zellen zusammen und beginnen zu kooperieren. Die ersten vielzelligen Lebensformen tauchen auf und ebnen den Weg für das volle Spektrum an Artenvielfalt, das wir heute sehen. *Homo sapiens* ist nur ein kurzes Leuchtsignal in einem vollgepackten Tag. Die gesamte menschliche Geschichte passt in ein paar Sekunden.

2.45 Uhr
Prokaryoten sind die ersten Lebensformen, die entstehen.

4.50 Uhr
Als Nächstes entwickeln sich eukaryotische Zellen, die einen Zellkern enthalten.

10.25 Uhr
Entwicklung vielzelligen Lebens.

10.34 Uhr
Entstehung vielfältiger Lebensformen, z.B. der Gliedertiere (Arthropoden) und Fische.

10.40 Uhr
Einige Tiere und Pflanzen verlassen das Wasser und beginnen, das Land zu besiedeln. Erste Insekten tauchen auf.

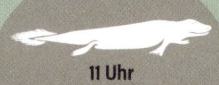

11 Uhr
Die ersten vierfüßigen Tiere entwickeln sich und gehen an Land.

11.10 Uhr
Reptilien entwickeln sich und ebnen den Weg für den Aufstieg der Dinosaurier.

11.32 Uhr
Die ersten Säugetiere entstehen.

11.36 Uhr
Vögel entwickeln sich und besiedeln die Lüfte.

11.57 Uhr und 57 Sek.
Anatomisch moderne Menschen betreten die Bühne des Lebens.

GEOLOGISCHE ZEITSPANNEN

Die Zeitspannen, mit denen wir im Alltag umgehen, sind klar und ordentlich eingeteilt. Jeder Tag hat 24 Stunden, jede Stunde 60 Minuten und jede Minute 60 Sekunden. Die Erdgeschichte ist hingegen in geologische Zeitspannen eingeteilt. Dabei handelt es sich um sehr große, «sperrige» Zeiträume, die Millionen bis Milliarden Jahre (mya heißt Millionen Jahre vor heute, siehe unten) umfassen. Um sich das Leben zu erleichtern, haben Wissenschaftler diese Zeitabschnitte in kleinere, besser handhabbare Blöcke unterteilt.

Äonen, wie das Phanerozoikum, sind die größten Zeitabschnitte. Sie werden in Ären (Singular Ära) unterteilt und diese wiederum in Perioden und Epochen. Und anders als die regelmäßig unterteilten Zeitabschnitte, die wir gewohnt sind, haben geologische Zeitabschnitte nicht immer die gleiche Länge. Beispielsweise umfassen keine zwei Ären die gleiche Anzahl an Jahren, denn die Einteilung der geologischen Zeitskala richtet sich nach bedeutenden Ereignissen in der Erdgeschichte. So markiert eine geradezu

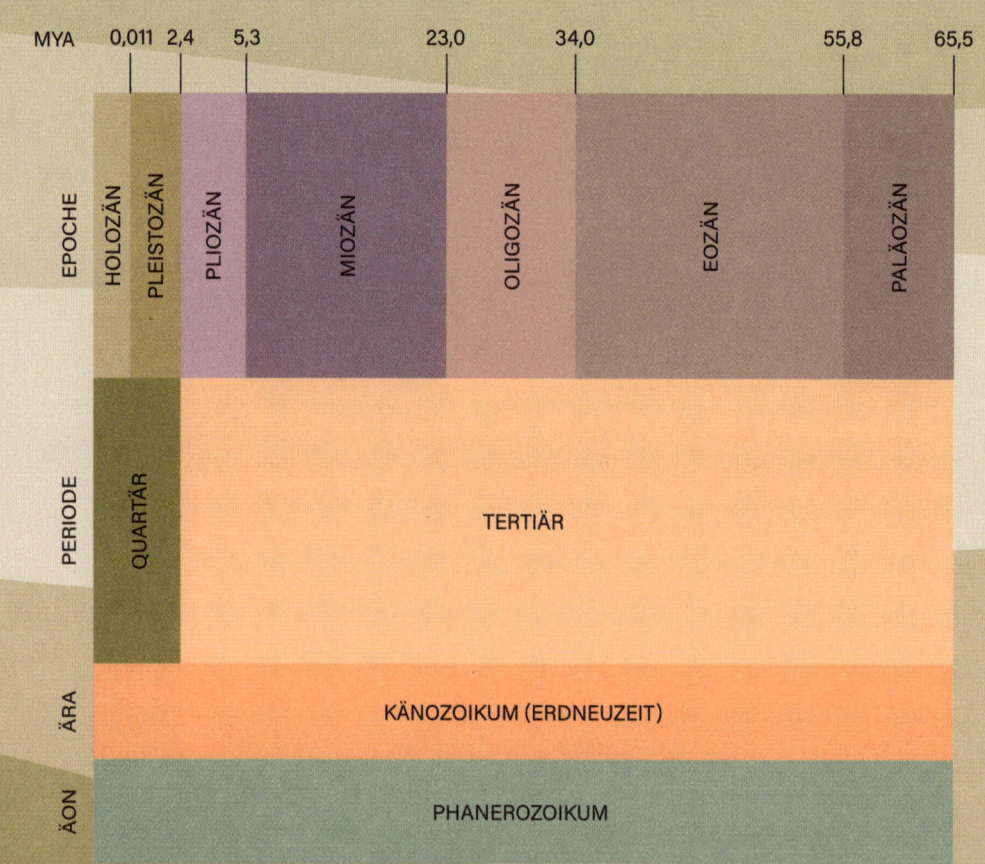

MYA   0,011 2,4   5,3   23,0   34,0   55,8   65,5

| EPOCHE | HOLOZÄN | PLEISTOZÄN | PLIOZÄN | MIOZÄN | OLIGOZÄN | EOZÄN | PALÄOZÄN |

PERIODE — QUARTÄR — TERTIÄR

ÄRA — KÄNOZOIKUM (ERDNEUZEIT)

ÄON — PHANEROZOIKUM

explosionsartige Zunahme der Artenvielfalt auf der Erde den Beginn des Erdaltertums (Paläozoikum).

Wissenschaftler haben Erkenntnisse über die Geschichte der Erde durch Untersuchung der Gesteinsschichten gewonnen, aus denen unser Planet besteht. Verschiedenartige Schichten entstanden zu verschiedenen Zeiten; daher enthalten sie eine typische Auswahl von Fossilien und unterscheiden sich auch chemisch in typischer Weise. Das hilft Wissenschaftlern, das Alter eines Gesteins zu bestimmen und so die Geschichte des Lebens auf der Erde zu entschlüsseln.

Wir leben im Holozän, doch viele Wissenschaftler argumentieren, dass menschliche Aktivitäten, wie Verbrennung fossiler Energieträger und Entwaldung, die zum Klimawandel geführt haben, die Erde verändert haben. Daher treten wir nun ins Anthropozän ein: *Anthropo* leitet sich von dem griechischen Begriff für «Mensch» ab, und *-zän* bedeutet «neu».

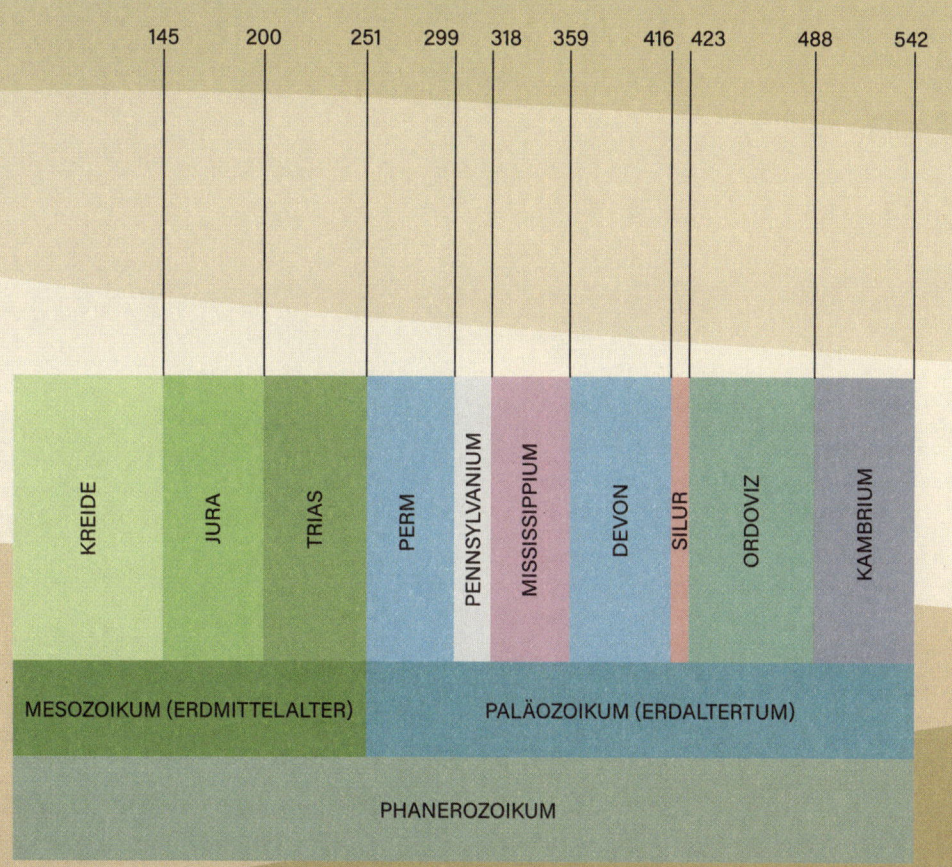

EVOLUTION IN AKTION

Im Jahr 1859 veröffentlichte der Naturforscher Charles Darwin seine Theorie der Evolution durch natürliche Selektion. Diese Theorie erklärt, wie sich Lebewesen im Lauf der Zeit verändern und wie alle jemals existierenden Arten entstanden sind. Darwins Evolutionstheorie gehört zu den erfolgreichsten wissenschaftlichen Theorien überhaupt.

Wie Darwin feststellte, ähneln sich die Mitglieder ein und derselben Art grundsätzlich zwar stark, dennoch gibt es Unterschiede. Beispielsweise wird es Individuen geben, die größer, schneller oder geschickter bei der Nahrungssuche sind als andere.

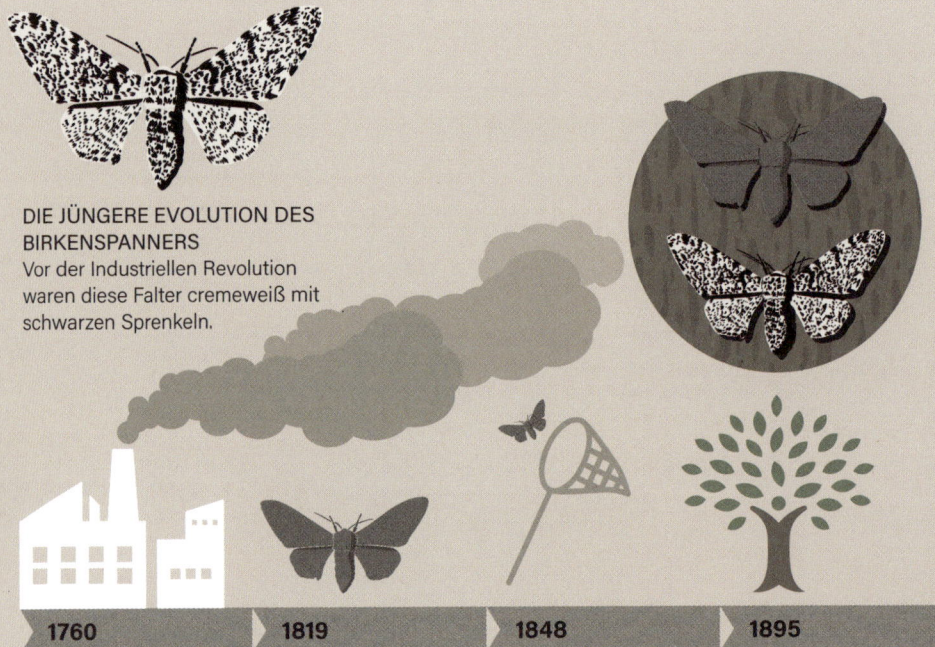

DIE JÜNGERE EVOLUTION DES BIRKENSPANNERS
Vor der Industriellen Revolution waren diese Falter cremeweiß mit schwarzen Sprenkeln.

1760

Die Industrielle Revolution beginnt. Ruß aus Fabrikschloten lagert sich auf den Baumstämmen ab, auf denen Birkenspanner tagsüber ruhen.

1819

In einem Gen, das für die Pigmentierung (Farbgebung) eine Rolle spielt, kommt es zu einer zufälligen Mutation. Falter mit dieser DNA-Veränderung haben dunkelgraue Flügel. Diese dunkle Färbung wird als Melanismus bezeichnet.

1848

Einem Schmetterlingssammler in Manchester fällt die dunkelgraue Variante als Erstem auf. Diese melanistische Form wird allmählich häufiger.

1895

Dunklere Falter sind auf den verrußten Baumstämmen besser getarnt. Sie werden mit geringerer Wahrscheinlichkeit gefressen, überleben häufiger und pflanzen sich daher auch häufiger fort. In Manchester sind 98 % der Birkenfalter melanistisch (dunkel gefärbt).

Diese Individuen, so argumentierte Darwin, werden im Vergleich zu ihren weniger gut angepassten Artgenossen mit größerer Wahrscheinlichkeit überleben, sich fortpflanzen und ihre vorteilhaften Merkmale an zukünftige Generationen weitergeben.

Ein Hauptaspekt dieser Theorie ist als «natürliche Selektion» bekannt. Mit der Zeit werden Merkmale, die das Überleben fördern, häufiger, und die Art verändert sich allmählich. Dieser Vorgang kann schließlich zur Evolution neuer Arten führen. Der Birkenspanner ist ein gutes Beispiel für Evolution in Aktion.

Der Birkenspanner ist auch als «Darwins Falter» bekannt, weil er den Prozess der Evolution so beispielhaft illustriert.

1956		HEUTE
Das Gesetz zur Reinhaltung der Luft *(Clean Air Act)* wird verabschiedet. Die Luftverschmutzung nimmt ab. Die Baumstämme werden wieder sauberer und heller.	Dunklere Falter sind auffälliger und werden eher gefressen. Heller gefärbte Falter überleben mit größerer Wahrscheinlichkeit und pflanzen sich fort, sodass diese Variante im Lauf der Zeit wieder häufiger wird.	Zwar gibt es eine gewisse Variationsbreite, doch die meisten Birkenspanner sind heute cremefarben mit kleinen schwarzen Flecken.

EVOLUTION DES PFERDES

Angesichts der rapiden Umweltveränderungen, welche die Industrielle Revolution mit sich brachte, machte der Birkenspanner eine sehr rasche Evolution durch. Das nennt man «gegenwärtige Evolution» *(contemporary evolution)*, weil sie sich innerhalb der Lebensspanne eines Menschen erkennen lässt.

Darwin wäre über gegenwärtige Evolution recht erstaunt gewesen. Er sah Evolution als einen langsamen Prozess an, der sich stets über Millionen Jahre erstreckt, und meinte einmal: «Wir sehen nichts von diesen lang-

EVOLUTION: 50 mya
NAME: *Hyracotherium*
SCHULTERHÖHE: 0,4 m
ANZAHL DER ZEHEN VON VORDERFUSS: 4
BACKENZÄHNE: klein

EVOLUTION: 35 mya
NAME: *Mesohippus*
SCHULTERHÖHE: 0,6 m
ANZAHL DER ZEHEN VON VORDERFUSS: 3
BACKENZÄHNE: klein

EVOLUTION: 15 mya
NAME: *Merychippus*
SCHULTERHÖHE: 1 m
ANZAHL DER ZEHEN VON VORDERFUSS: 3
BACKENZÄHNE: mittelgroß

Die Körpergröße nimmt zu, und die Gliedmaßen werden länger, während Wälder durch ausgedehnte Grasflächen ersetzt werden und die frühen Pferde schneller sein müssen als ihre Fressfeinde.

Die frühen Pferde liefen auf mehreren gespreizten Zehen, eine Anpassung an die Fortbewegung auf weichem, feuchtem Waldboden. Mit der Zeit nimmt die Anzahl der Zehen ab. Gliedmaßen mit einem einzigen Zeh erleichtern das Traben, während die Tiere auf der Suche nach Nahrung und Wasser umherstreifen.

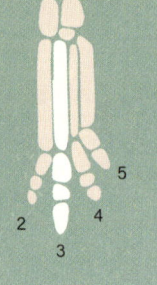 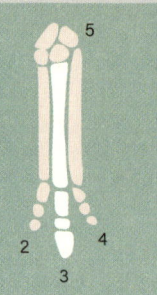 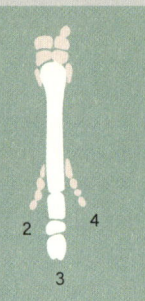

Die Zähne werden größer und strapazierfähiger, als die frühen Pferde dazu übergehen, statt weicher Blätter zähere Gräser zu fressen, wodurch die Zähne stärker abgenutzt werden.

samen Veränderungen, bis die Zeit das Verstreichen langer Zeiträume angezeigt hat.» Die einzige Möglichkeit, Evolution zu «sehen», nahm Darwin an, sei das Studium von Fossilien, die über sehr große geologische Zeiträume abgelagert werden.

Die Evolution des Pferdes ist ein ausgezeichnetes Beispiel für Veränderungen, weil sie durch Fossilien gut belegt ist. Die Geschichte beginnt vor 50 Mio. Jahren mit einem etwa hundegroßen, waldbewohnenden Urpferd, aus dem sich die großen Pferde entwickeln sollten, die wir heute kennen.

EVOLUTION: 1 mya
NAME: modernes Pferd (Equus)
SCHULTERHÖHE: 1,6 m
ANZAHL DER ZEHEN VON VORDERFUSS: 1
BACKENZÄHNE: groß

EVOLUTION: 8 mya
NAME: Pliohippus
SCHULTERHÖHE: 1,25 m
ANZAHL DER ZEHEN VON
VORDERFUSS: 1
BACKENZÄHNE: mittelgroß

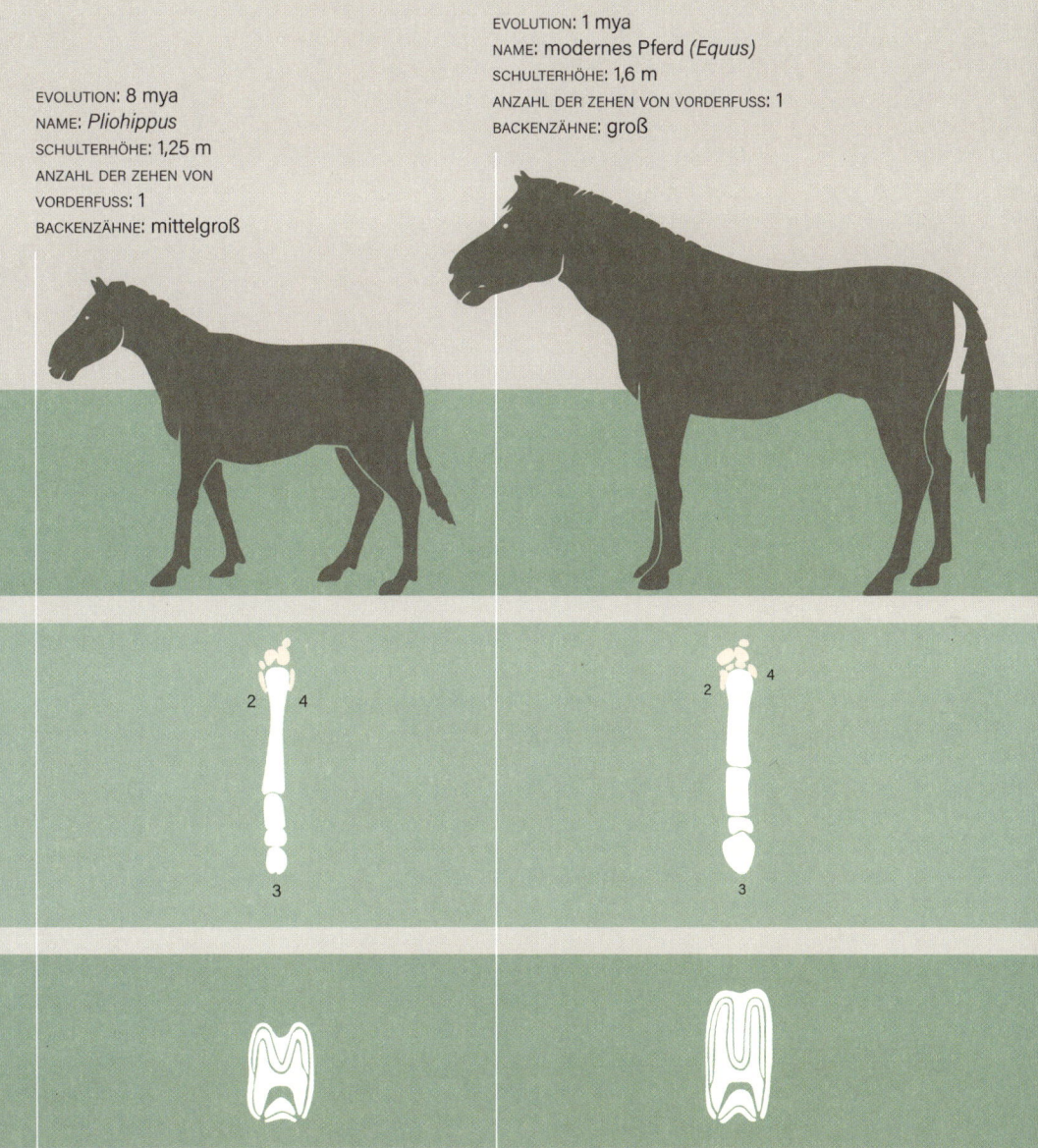

MASSENAUSSTERBEN

Aussterben ist ein normaler Teil des Lebens. Rund 98 % aller Arten, die jemals auf der Erde gelebt haben, sind ausgestorben. Die ganze Zeit hindurch entwickeln sich neue Arten, während ältere aussterben, wenn sie nicht mehr konkurrenzfähig sind oder sich nicht an veränderte Umweltbedingungen anpassen können. Es gibt ein normales Hintergrundsterben, das Schätzungen zufolge, auf 100 Jahre bezogen, bei 0,1–1 pro 10 000 Arten liegt.

   Manchmal kommt es jedoch vor, dass die Verlustraten in die Höhe schnellen und Arten rascher aussterben, als sie ersetzt werden. Diese Ereignisse werden als Massenaussterben bezeichnet und treten ein, wenn mehr als 75 % aller Arten weltweit innerhalb eines geologisch «kurzen» Zeitraums von weniger als 3 Mio. Jahren aussterben. Die Artenzahl erholt sich an-

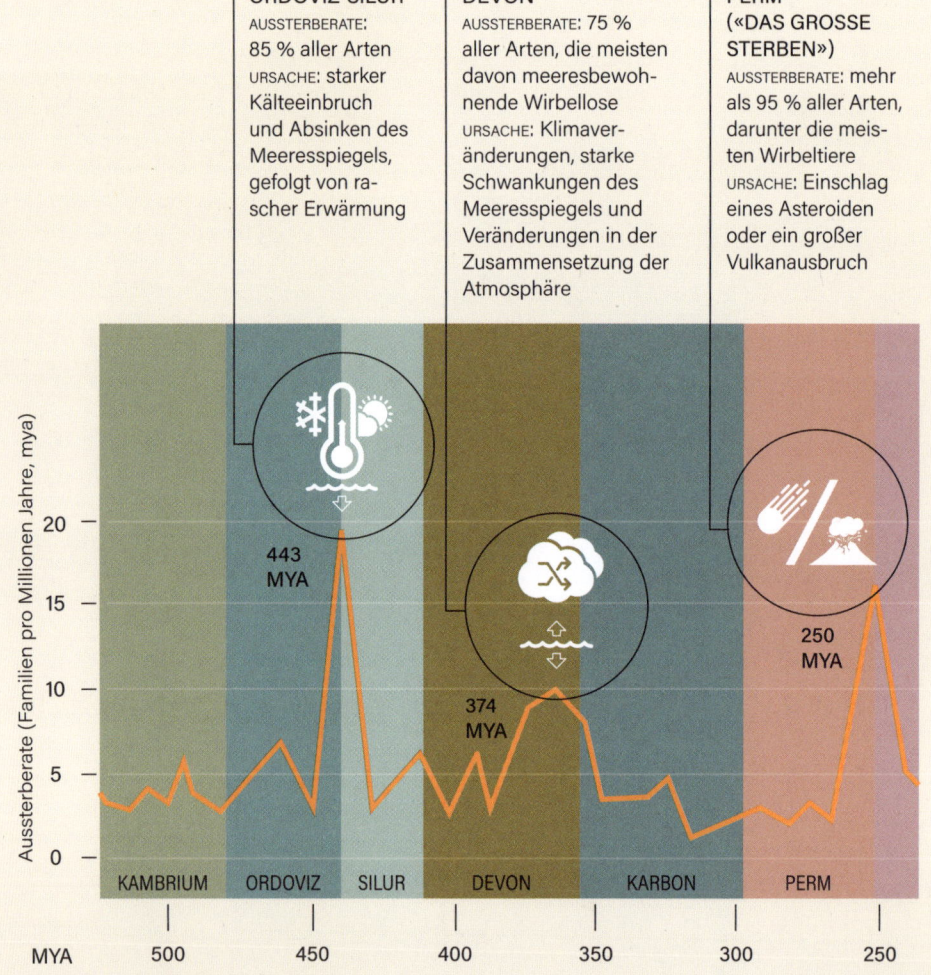

ORDOVIZ-SILUR

AUSSTERBERATE:
85 % aller Arten
URSACHE: starker
Kälteeinbruch
und Absinken des
Meeresspiegels,
gefolgt von rascher Erwärmung

DEVON

AUSSTERBERATE: 75 %
aller Arten, die meisten
davon meeresbewohnende Wirbellose
URSACHE: Klimaveränderungen, starke
Schwankungen des
Meeresspiegels und
Veränderungen in der
Zusammensetzung der
Atmosphäre

PERM
(«DAS GROSSE
STERBEN»)

AUSSTERBERATE: mehr
als 95 % aller Arten,
darunter die meisten Wirbeltiere
URSACHE: Einschlag
eines Asteroiden
oder ein großer
Vulkanausbruch

Aussterberate (Familien pro Millionen Jahre, mya)

443
MYA

374
MYA

250
MYA

20

15

10

5

0

KAMBRIUM   ORDOVIZ   SILUR   DEVON   KARBON   PERM

MYA   500   450   400   350   300   250

schließend nur langsam, doch eine Erholung ist möglich. Man nimmt an, dass Ökosysteme rund 2 Mio. Jahre benötigen, um sich nach einem Massenaussterben wieder einzuspielen und zu stabilisieren.

In der Vergangenheit hat es fünf Massenaussterben gegeben, doch inzwischen sind die Sorgen groß, dass wir uns mitten in einem sechsten Massenaussterben befinden, das allein auf uns Menschen zurückgeht. Menschliches Handeln, wie das Verbrennen fossiler Energieträger, das zum Klimawandel führt, wie auch unser nicht nachhaltiger Verbrauch von Energie, Wasser und Land führen dazu, dass die Aussterberaten in die Höhe schießen. Wir verlieren momentan bis zu 1000-mal mehr Arten als zu den Zeiten, als es noch keine Menschen gab, und Schätzungen zufolge sterben jeden Tag 30–150 Arten aus. Wir sind dabei, die Ökosysteme zu zerstören, von denen unser Überleben abhängt.

TRIAS
AUSSTERBERATE: 80 % aller Arten
URSACHE: enorme geologische Aktivität, steigende Kohlendioxidkonzentration, globale Erwärmung

KREIDE
AUSSTERBERATE: 78 % aller Arten, darunter die Nichtvogeldinosaurier
URSACHE: Einschlag eines Asteroiden im heutigen Mexiko

GEGENWÄRTIGES MASSENAUSSTERBEN
AUSSTERBERATE: mindestens 10 000 Arten pro Jahr
URSACHE: Klimawandel aufgrund menschlicher Aktivitäten, wie der Verbrennung fossiler Energieträger

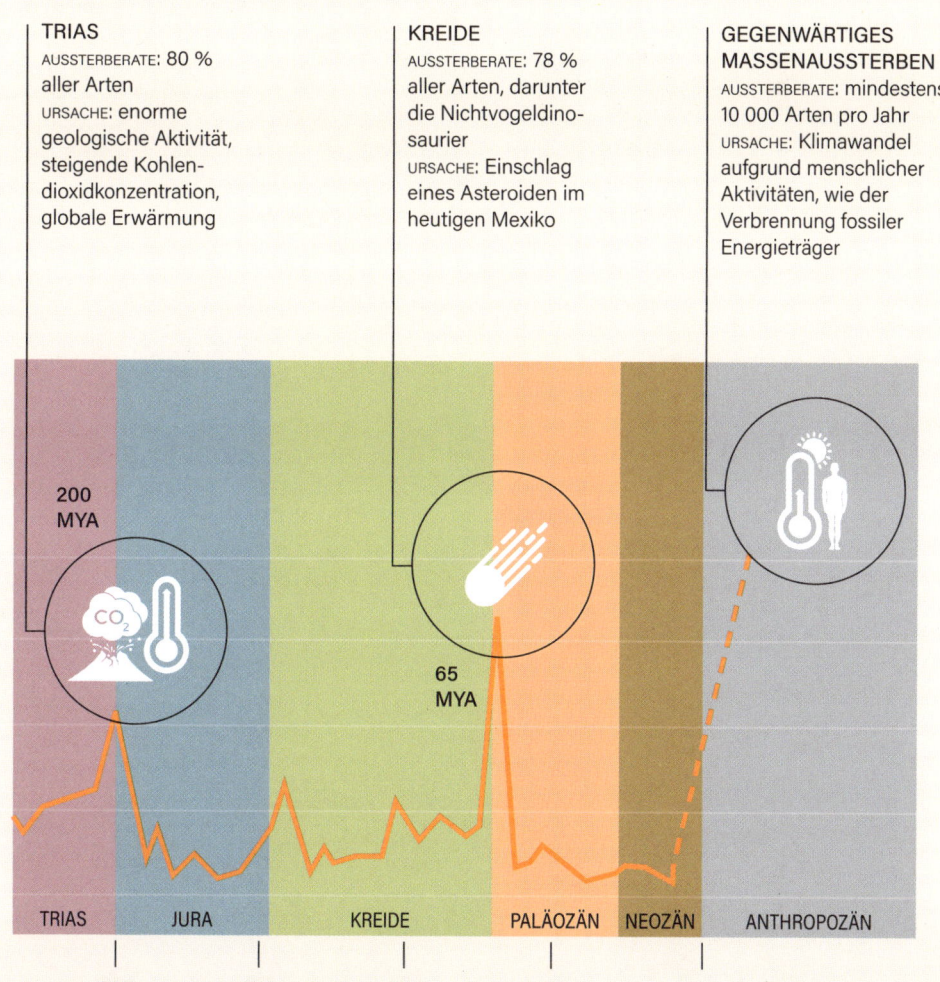

DER UNAUFHALTSAME AUFSTIEG DER PFLANZEN

Die größte Blüte im Pflanzenreich findet sich bei der Riesenrafflesie *(Rafflesia arnoldii)*, einer seltenen Pflanze in den Regenwäldern Indonesiens. Die Blüte riecht nach Aas, hat einen Durchmesser von bis zu 1 m. Die Art gehört zur vielfältigsten Gruppe der heute existierenden Pflanzen: Die Blütenpflanzen oder Angiospermen stehen für eine der größten Erfolgsgeschichten der Evolution. Sie haben sich erst in den letzten 140 Mio. Jahren entwickelt und sind daher in der Gesamtgeschichte des Lebens vergleichsweise «Newcomer», doch in diesem Zeitraum hat sich ihre Gruppe stark diversifiziert und mehr als 300 000 verschiedene Arten hervorgebracht.

LEBERMOOSE   HORNMOOSE   LAUBMOOSE   BÄRLAPPGEWÄCHSE

Pflanzen entwickeln ein internes Transportsystem. Mithilfe von Gefäßen in ihren Sprossen und Blättern können Wasser und Nährstoffe in der Pflanze verteilt werden. Diese Pflanzen werden als Gefäßpflanzen bezeichnet.

Zusammen mit Tieren besiedeln Pflanzen das Land. Neue Lebensräume liefern neue Gelegenheiten für Wachstum und Evolution.

GRÜNALGEN-VORFAHREN

Alle Pflanzen haben sich aus gemeinsamen Grünalgen-Vorfahren entwickelt, die vor mehr als 500 Mio. Jahren im Meer lebten. Dann erfolgte der
«Landgang» der Pflanzen, und neue Gelegenheiten eröffneten sich. Die ersten landlebenden Pflanzen waren klein und fadenförmig. Sie besaßen weder
Blüten noch Wurzeln noch Gefäßsysteme für einen internen Wassertrans-
port. Daher war ihre Größe begrenzt, und sie waren, wie die Lebermoose
auch heute noch, an eine feuchte Umgebung gebunden. Nachdem sich im
Devon interne Transportsysteme entwickelt hatten, wurde es für Pflanzen
einfacher, in die Höhe zu wachsen; eine weitere Schlüsselinnovation war die
Ausbildung von Samen im Kambrium. Heute gibt es sogar Blütenpflanzen,
die in der Wüste gedeihen, und der größte Baum der Welt – «General Sher-
man», ein Riesenmammutbaum – hat eine Stammhöhe von mehr als 80 m.

FARNE

KONIFEREN
(NADELBÄUME)

BLÜTENPFLANZEN

150

200

Blütenpflanzen
entwickeln sich.
Sie bilden die arten-
und erfolgreichste heute
lebende Pflanzengruppe.

250

300

Pflanzen entwickeln
Samen. Samen können
durch Wind, Wasser und
Tiere verbreitet werden;
dies erleichtert den
Samenpflanzen die Aus-
breitung und Besiedlung
neuer Lebensräume.

350

STAMMBÄUME
Diese Diagramme stellen die
phylogenetischen Beziehungen zwischen
Lebewesen dar. Sie zeigen, wie und wann
sich Organismengruppen von einem
gemeinsamen Vorfahren abgetrennt haben.
Blütenpflanzen und Koniferen (Nadelbäume)
beispielsweise haben sich vor rund
250 mya von einem gemeinsamen
Vorfahren abgespalten.

400

450

500

Millionen Jahre vor heute (mya)

SCHRECKENSECHSEN

Die Dinosaurier, die das Leben auf unserem Planeten mehr als 170 Mio. Jahre beherrschten, waren eine der erfolgreichsten Gruppen von Landtieren, die es je gab. Sie lebten im Erdmittelalter (Mesozoikum), das von rund 251–65 Mio. Jahre vor heute dauerte. Das Mesozoikum wird in drei Perioden eingeteilt: Trias, Jura, Kreide. Sie werden oft in eine Ober-, Mittel- und Unterperiode unterteilt und diese Unterteilungen ihrerseits häufig in noch kleinere Zeitspannen, sogenannte Stufen. Jede Stufe umfasst rund 5 Mio. Jahre, und bestimmte Dinosaurierarten kommen nur in gewissen Stufen vor, *Tyrannosaurus* und *Triceratops* beispielsweise lebten in der jüngsten Stufe der Oberkreide, die als Maastrichtium bezeichnet wird.

Dinosaurier im Mesozoikum

251–201 MYA

TRIAS

Die Kontinente der Erde bilden einen einzigen Superkontinent, Pangäa, inmitten eines riesigen Ozeans. Das Klima ist relativ warm und trocken, und ein Großteil der Landmasse ist von Wüste bedeckt. Dinosaurier entwickeln sich aus Reptilien. Mit einem Alter von 243 Mio. Jahren gilt *Nyasasaurus parringtoni* als einer der frühesten Dinosaurier oder zumindest als enger Verwandter. Er ist ein hochbeiniges, langhalsiges Geschöpf, das von der Nasen- bis zur Schwanzspitze 2–3 m misst. Zu anderen Dinosauriern dieser Periode zählen *Coelophysis*, *Eoraptor* und *Herrerasaurus*.

NYASASAURUS PARRINGTONI

DINOSAURIER
Im Jahr 1841 prägte der viktorianische Biologe und Fossilienliebhaber Richard Owen den Begriff «Dinosaurier», was so viel wie «Schreckensechse» heißt.

201-145 MYA

JURA

Pangäa beginnt auseinanderzubrechen und teilt sich in einen nördlichen Kontinent, Laurasien, und einen südlichen Kontinent, Gondwana. Bei den Dinosauriern entwickeln sich südliche und nördliche Varianten. Das Klima ist warm und tropisch, sodass sich eine üppige Vegetation bildet. Dinosaurier steigen zur dominierenden Tiergruppe an Land auf, und einige wachsen zu Riesen heran. *Apatosaurus* beispielsweise ist ein langhalsiger pflanzenfressender Sauropode, der im Oberjura lebte. Er wurde 23 m lang. Andere Dinosaurier dieser Periode, die Kultstatus erlangt haben, sind *Brachiosaurus*, *Diplodocus* und *Stegosaurus*.

145-66 MYA

KREIDE

In dieser Zeit streben die Kontinente immer weiter auseinander. Einige der heutigen Kontinente sind bereits erkennbar, doch sie liegen an anderer Stelle. Dinosaurier beherrschen weiterhin das Land und entwickeln weitere Formen. Zu den berühmten kreidezeitlichen Dinosauriern gehören *T. rex*, *Triceratops*, *Spinosaurus*, *Ankylosaurus* und *Velociraptor*. Aber die Geschichte geht nicht gut aus für sie; nachdem ein Asteroid mit einem Durchmesser von 12 km auf der Erde einschlägt, sterben alle Nichtvogeldinosaurier aus.

APATOSAURUS

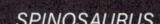

SPINOSAURUS

WACHSTUM BEI DINOSAURIERN

Die Evolution fördert jede Strategie, die den Mitgliedern einer Art hilft zu überleben, sich fortzupflanzen und ihre Gene an zukünftige Generationen weiterzugeben. Die Tyrannosaurier, einschließlich *T. rex,* entwickelten dazu eine ungewöhnliche Strategie. Neueren Forschungen zufolge unterschieden sich jugendliche (juvenile) und erwachsene (adulte) Tyrannosaurier nicht nur recht deutlich im Aussehen, sondern verhielten sich auch ganz anders. Das erlaubte ihnen, Seite an Seite im selben Lebensraum zu existieren, ohne dass es zu größerer Konkurrenz zwischen den Generationen gekommen wäre. Eine einzelne *Tyrannosaurus*-Art besetzte einen Lebensraum, der typischerweise von zwei verschiedenen räuberischen Arten eingenommen worden wäre. Dadurch entstanden Ökosysteme, die ganz anders waren als alles, was wir heute kennen.

NEUE ARTEN

Bislang sind rund 1500 Dinosaurierarten beschrieben worden, aber das ist nur die Spitze des Eisbergs. Das liegt auch daran, dass die meisten Tiere sterben, ohne Fossilien zu bilden, und viele der tatsächlich existierenden Fossilien warten noch auf ihre Entdeckung. Ständig werden neue Fossilien ausgegraben, und im Durchschnitt wird eine neue Dinosaurierart pro Woche beschrieben.

Schädelbau und Lebensalter

ALTERSSTUFE: Jungtier (juvenil)
ALTERSSPANNE: bis zu 11 Jahre
BEISSKRAFT: relativ gering
5–13 %, bezogen auf das erwachsene Tier
ZÄHNE: dünn, messerartig und brüchig
VERHALTEN: Jungtiere sind klein und beweglich; sie jagen relativ kleine Beute.

ALTERSSTUFE: Halbwüchsige
ALTERSSPANNE: 11–19 Jahre
BEISSKRAFT: Zwischenstadium
13–100 %, bezogen auf das erwachsene Tier
ZÄHNE: dicker und robuster
VERHALTEN: Halbwüchsige wachsen rasch und sind bald in der Lage, größere Beute zu jagen.

Länge des Kiefers

20-60 CM

60-85 CM

VERÄNDERUNG DER ERNÄHRUNG

Jungtiere fressen schmächtige Beutetiere wie kleine Dinosaurier, Amphibien und Echsen.

EIN FALL VON PERSONENVERWECHSLUNG?

T. rex gehört wohl zu den symbolträchtigsten und bekanntesten Dinosaurierarten, doch er befindet sich
mitten in einer Identitätskrise. Eine 2022 veröffentlichte
Untersuchung spricht nämlich dafür, dass dieses Schwer-
gewicht aus der Kreidezeit, das für seine kurzen Arme berühmt ist, vielleicht nicht eine einzige Art darstellt, sondern
drei eigenständige Arten umfasst – neu definiert als *T. rex*,
T. regina und *T. imperator*. Die Theorie, die sich auf die Analyse von fossilen
Beinknochen und Zähnen stützt, geht davon aus, dass *T. rex* und *T. regina*
in der Oberkreide Seite an Seite lebten und *T. imperator* ihr gemeinsamer
Vorfahr war. Viele Dinosaurierexperten sind jedoch nicht davon überzeugt;
daher bedarf es zur Klärung der Frage weiterer Forschung.

ALTERSSTUFE: erwachsenes Tier

ALTERSSPANNE: 20–35 Jahre

BEISSKRAFT: so hoch, dass sie Knochen zermalmen können
100 %

ZÄHNE: Vor ihnen sollte man sich hüten.

VERHALTEN: Erwachsene Tiere haben einen massigen Schädel und einen kräftigen Biss. Sie können sehr große Pflanzenfresser wie *Triceratops* überwältigen.

85–105 CM

Erwachsene Tiere erbeuten sehr große pflanzen-
fressende Dinosaurier wie *Triceratops*.

ZEIT ZUM ABHEBEN

Fliegen ist für Tiere derart vorteilhaft, dass die Flugfähigkeit in der Evolution mindestens viermal unabhängig voneinander entwickelt wurde: zunächst bei Insekten, dann bei Pterosauriern, später bei Vögeln und anschließend bei Fledermäusen und Flughunden (Fledertieren). Die Entwicklung des Fliegens hat sich über mindestens 400 Mio. Jahre erstreckt; und selbst heute entwickelt sich der Flug bei Tierarten, die den Himmel erobert haben, ständig weiter.

Die Evolution des Fliegens

400 MYA

225 MYA

INSEKTEN

Fluginsekten entwickelten sich im Karbon. Niemand weiß genau, wie Insekten die Fähigkeit zu fliegen entwickelten. Einer Theorie zufolge bildeten sich die Vorläufer von Flügeln bei auf der Wasseroberfläche lebenden Insekten aus, die den Wind als Antrieb nutzten, um sich übers Wasser treiben zu lassen. Nach einer anderen Theorie entwickelten sich Flügel bei baumbewohnenden Insekten und halfen ihnen, wie mit einem Fallschirm sanft hinab zum Boden zu gleiten. Heute gibt es schätzungsweise 10 Mio. Insektenarten.

PTEROSAURIER

Pterosaurier, auch Flugsaurier genannt, waren nahe Verwandte der Dinosaurier. Beide Reptiliengruppen lebten etwa zur selben Zeit, aber nur die Pterosaurier eroberten die Lüfte. Sie waren die ersten Wirbeltiere, denen dies gelang, und entwickelten sich in der Trias. Diese Gruppe überdauerte 140 Mio. Jahre, was sie unglaublich erfolgreich machte, und einige Arten wuchsen zu enormer Größe heran. Beispielsweise war *Quetzalcoatlus northropi* vermutlich die größte fliegende Tierart, die es je auf der Erde gab. Mit einer Flügelspannweite von 11 m musste dieser Pterosaurier 2,5 m emporspringen, um überhaupt abheben zu können.

50 MYA

165-150 MYA

VÖGEL

Vögel entwickelten sich im Jura aus einer vielgestaltigen Gruppe von Dinosauriern, die als Therapoden bezeichnet werden. Daher hatten die ersten Vögel viel mit Dinosauriern gemeinsam, zum Beispiel scharfe Zähne und eine lange Schwanzwirbelsäule. Ihr klassischer leichter, gefiederter und geflügelter Körperbauplan nahm in den darauffolgenden 10 Mio. Jahren allmählich Gestalt an. Anschließend spalteten sie sich in viele verschiedene Formen auf, und heute gibt es mehr als 10 000 Vogelarten.

FLEDERTIERE

Fledermäuse und Flughunde sind die einzigen Säugetiere, die wirklich fliegen können. Anders als bei den Vögeln wissen wir nicht viel über ihre Evolution, doch man nimmt an, dass fledermausartige Säugetiere bereits im Eozän die Luft erobert hatten. Wissenschaftler vermuten, dass ihre Flugfähigkeit auf eine urtümliche baumbewohnende Art zurückgeht, die selbst noch nicht fliegen konnte, aber mithilfe flügelartiger Strukturen zum Boden herabglitt, um dort nach Nahrung zu suchen. Heute gibt es mehr als 1000 Fledermausarten.

ANATOMISCHE VORAUSSETZUNGEN FÜRS FLIEGEN

Insekten, Pterosaurier, Vögel und Fledertiere stammen nicht von demselben fliegenden Vorfahren ab. Vielmehr entwickelten diese Gruppen im Lauf von Jahrmillionen alle die Fähigkeit zu fliegen, wobei am Anfang verschiedene Vorfahren standen, die nicht fliegen konnten. Das ist ein klassisches Beispiel für eine sogenannte konvergente Evolution, bei der verschiedene, nicht näher verwandte Arten unabhängig voneinander auf unterschiedlichem Wege ähnliche Merkmale entwickeln. Jede Gruppe fand unabhängig Lösungen für das Problem, den Luftraum zu erobern.

Die Insekten entwickelten eine erfolgreiche Strategie mit ihren ursprünglich vier getrennten Flügeln. Im Gegensatz dazu haben Vögel, Fledermäuse und Pterosaurier allesamt zwei Flügel, bei denen es sich um abgewandelte Vorderextremitäten handelt, doch diese sind alle in unterschiedlicher Weise modifiziert.

FLIEGEN

Als Tiere im Lauf ihrer Evolution einmal «gelernt» hatten zu fliegen, erwies sich diese Fähigkeit als überaus nützlich; so konnten sie beispielsweise Fressfeinden (Prädatoren) entkommen. Vermutlich war das die wichtigste evolutionäre Triebkraft für den Vogel- und Insektenflug. Und bei der Evolution des Pterosaurier- und Fledermausflugs war die Fähigkeit, im Flug Nahrung zu erbeuten, vermutlich einer der Hauptfaktoren.

Vier Lösungen für das Flugproblem

INSEKTEN
Die meisten Insekten haben zwei getrennte Flügelpaare, ein Paar Vorder- und ein Paar Hinterflügel, die durch ein Netz von Adern verstärkt werden; bei Fliegen und Mücken ist nur das Vorderflügelpaar erhalten geblieben.

PTEROSAURIER
Der Flügel besteht aus dehnbarer Haut und wird hauptsächlich durch den verlängerten 4. Finger aufgespannt, der die Flugbewegung kontrolliert.

DIE EVOLUTION DER FAHLSTIRNSCHWALBE

In Nebraska (USA) bauen die Fahlstirnschwalben ihre kleinen Nester an der Unterseite von Brücken und Überführungen. Im Laufe von wenigen Jahrzehnten haben sich ihre Flügel verändert und sind nun mehrere Millimeter kürzer als vor 30 Jahren. Das macht ihren Flug wendiger. Möglicherweise sind Fahlstirnschwalben daher in der Lage, den Fahrzeugen auf der Straße besser auszuweichen, und das würde erklären, warum inzwischen immer weniger im Straßenverkehr umkommen, obwohl das Verkehrsaufkommen zunimmt. Das ist ein weiteres Beispiel für gegenwärtige Evolution *(contemporary evolution)*, bei der Evolutionsprozesse rasch ablaufen.

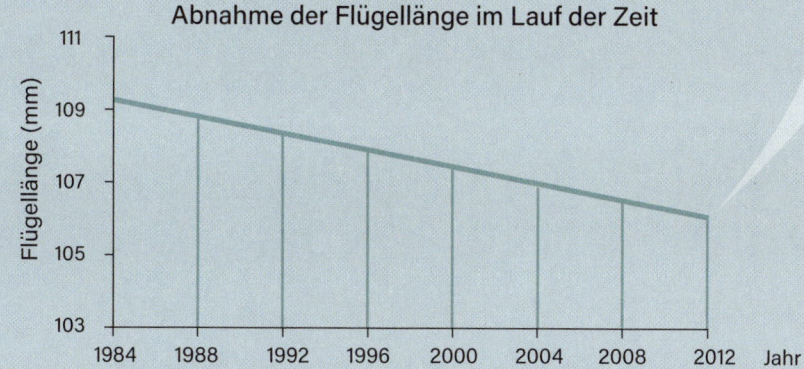

Abnahme der Flügellänge im Lauf der Zeit

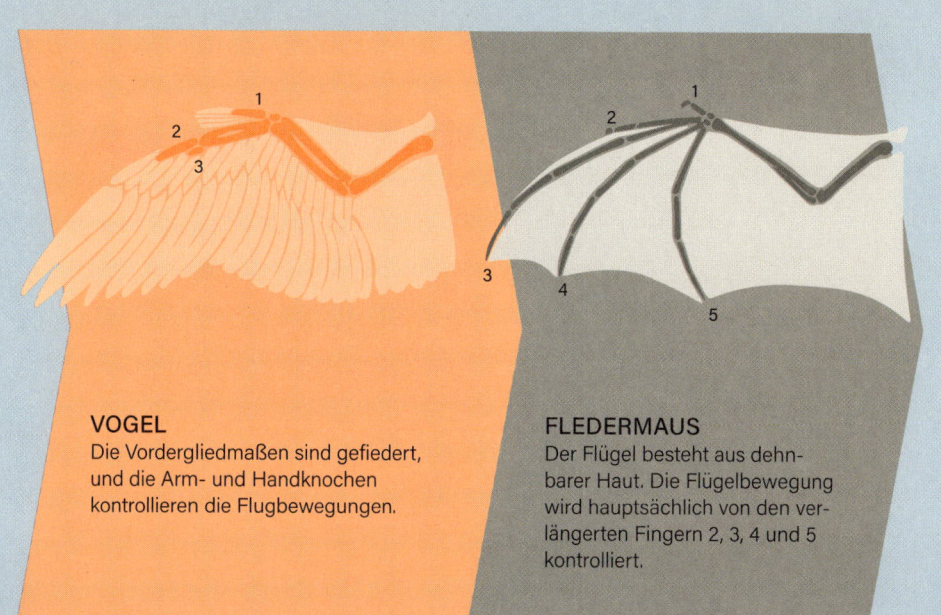

VOGEL
Die Vordergliedmaßen sind gefiedert, und die Arm- und Handknochen kontrollieren die Flugbewegungen.

FLEDERMAUS
Der Flügel besteht aus dehnbarer Haut. Die Flügelbewegung wird hauptsächlich von den verlängerten Fingern 2, 3, 4 und 5 kontrolliert.

FOSSILIEN

Als Paläontologie bezeichnet man die Erforschung der Geschichte des Lebens mithilfe von Fossilien. Ihre Wurzeln reichen weit zurück, denn bereits vor mehr als 2500 Jahren schrieben antike Naturforscher wie Xenophanes über die Fossilien von marinen Organismen und vermuteten, dass trockene Landflächen einst unter Wasser standen. Im 19. Jahrhundert entwickelte sich die Paläontologie zu einer echten Wissenschaft. Und heute, wo ständig neue Fossilien gefunden und Methoden zu ihrer Erforschung entwickelt werden, können wir noch viel über die prähistorische Vergangenheit des Lebens lernen.

Eine Zeitachse fossiler Entdeckungen

MOSASAURUS

Alter (Millionen Jahre)

500
400
300
200
100

200 MYA

70 MYA

0,1 MYA

ENTDECKUNG

1770

1821

1856

Mosasaurus (oben) war ein riesiges meereslebendes Reptil. Seine fossilen Knochen wurden in einem niederländischen Kalksteinbruch entdeckt. Anfangs hielt man sie für Krokodil- oder Walknochen, doch 50 Jahre später erkannten Naturforscher, dass die Knochen zu einem marinen Reptil gehörten.

Plesiosaurus war ein langhalsiges marines Reptil mit vier Flossen und einem Schwanz. Die viktorianische Fossilienjägerin Mary Anning entdeckte das erste Skelett in Lyme Regis, Dorset (GB). Fossilfunde belegen inzwischen, dass es mehr als 100 verschiedene *Plesiosaurus*-Arten gegeben hat.

Homo-neanderthalensis-Fossilien wurden in der Nähe von Düsseldorf im Neandertal entdeckt und nach ihm benannt. Die Neandertaler waren eine Weile Zeitgenossen von *Homo sapiens* und haben sich mit ihm gepaart.

CHARNIA

ARCHAEOPTERYX

560 MYA

400 MYA

150 MYA

67 MYA

1843

1861

1905

1956

Prototaxites wurde in Kanada entdeckt. Es erinnert in der Form an einen Baumstumpf und überragte mit einer Höhe von 8 m alle damaligen landlebenden Organismen. Man nimmt an, dass es sich dabei um einen gigantischen Pilz oder eine Flechte handelte.

Archaeopteryx (oben); das erste Skelett dieses Urvogels wurde in Bayern gefunden und zeigt eine Mischung aus dinosaurier- und vogelartigen Merkmalen, darunter Zähne, Federn und eine lange Schwanzwirbelsäule. Es ist ein wichtiges evolutionäres Bindeglied zwischen Nichtvogeldinosauriern und Vögeln.

Tyrannosaurus rex wurde von Henry Fairfield Osborn beschrieben und benannt. *Tyrannos* heißt «Tyrann», *sauros* «Echse» und *rex* «König». Mit seinen kurzen Armen wurde *T. rex* zum berühmtesten Dinosaurier der Welt.

Charnia (oben), ein farnblattähnliches Fossil, wurde von Tina Negus in Charnwood Forest, Leicestershire (GB), entdeckt. Es gehört zur Ediacara-Fauna, einer Gruppe bizarrer Organismen, die zu den ältesten Beispielen komplexen vielzelligen Lebens zählen. Meist wird *Charnia* dem Tierreich zugeordnet.

Eine Zeitachse der fossilen Entdeckungen

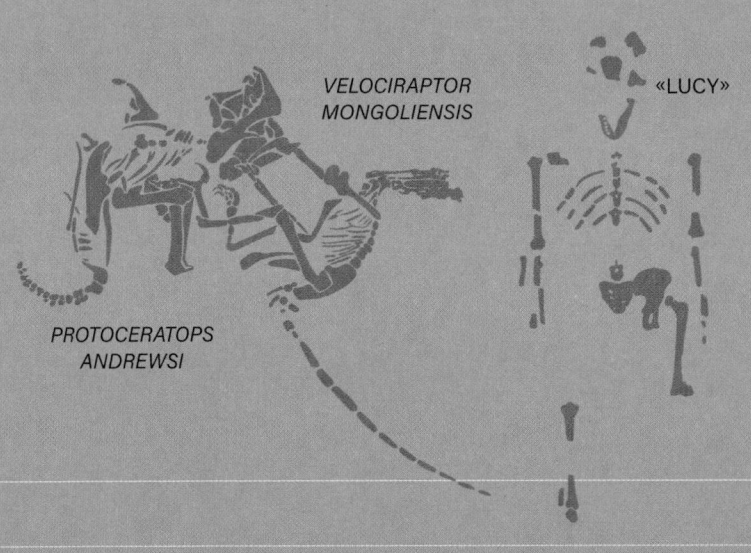

VELOCIRAPTOR
MONGOLIENSIS

«LUCY»

PROTOCERATOPS
ANDREWSI

	80 MYA	3,2 MYA	0,7 MYA
ENTDECKUNG	1971	1974	2003

Protoceratops andrewsi und **Velociraptor mongoliensis** (oben) wurden in der Wüste Gobi ausgegraben. Die Überreste dieser beiden Dinosaurier waren im Kampf miteinander verkeilt, ein direkter Beweis dafür, dass Velociraptoren diese großen pflanzenfressenden Dinosaurier zu erbeuten trachteten.

«Lucy» (oben), eine Vertreterin von *Australopithecus afarensis*, wurde in Hadar (Äthiopien) entdeckt; damals wurden Hunderte von Knochen dieser menschenähnlichen Frau gefunden. Die Australopithecinen waren die ersten unter unseren Vorfahren, die aufrecht gingen und den Wald verließen, um in der Savanne zu leben.

Eske Willerslev entdeckte das Bruchstück eines Pferdebeinknochens, das aus dem Permafrostboden im kanadischen Yukon-Territorium ragte. Bemerkenswerterweise gelang es ihm, aus dem Fundstück DNA zu isolieren. Diese DNA war eine der ältesten, die jemals untersucht wurde.

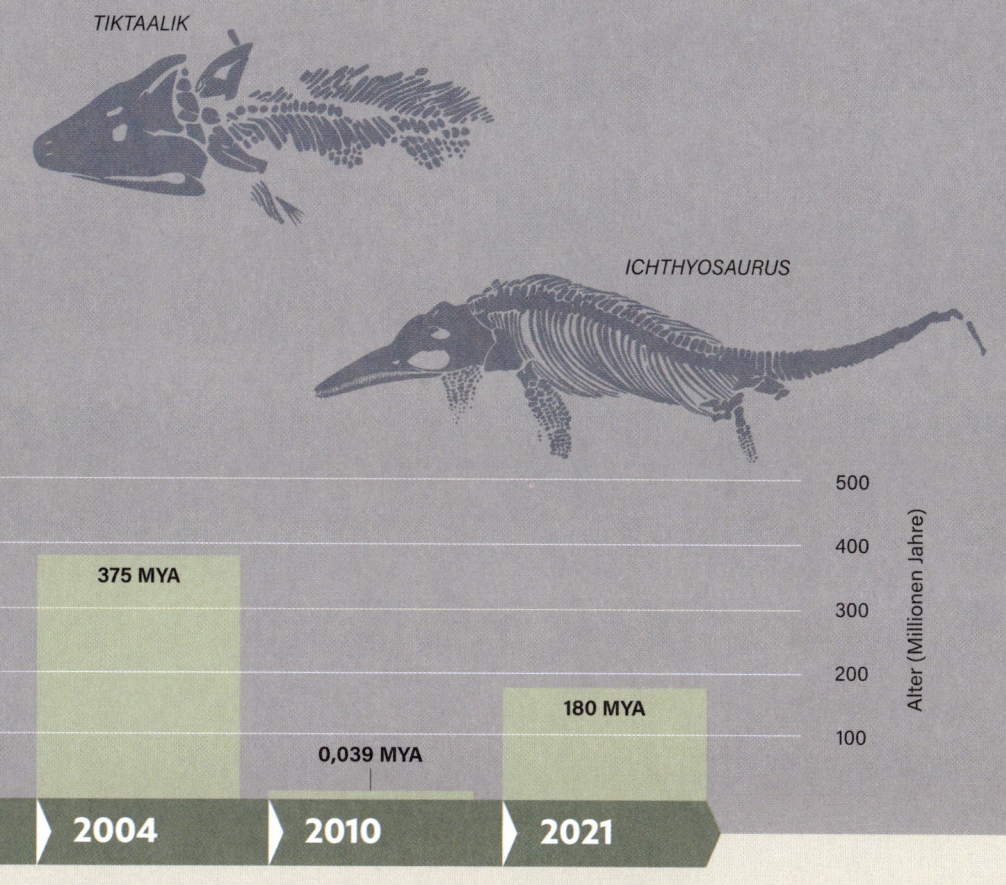

TIKTAALIK

ICHTHYOSAURUS

Alter (Millionen Jahre)

500
400
375 MYA
300
200
180 MYA
100
0,039 MYA

2004 **2010** **2021**

Tiktaalik (oben) wurde entdeckt. Dieses amphibienähnliche Tier hatte Kiemen, Schuppen, eine primitive Lunge, einfache Handwurzelknochen, einen stabilen Brustkorb und muskulöse Flossen, um auf den Strand zu kriechen. Es ist eine Übergangsart zwischen Fischen und vierbeinigen Wirbeltieren, die sich aus solchen Vorfahren entwickelten.

Yuka ist das besterhaltene Exemplar eines Wollmammuts. Dieses Weibchen wurde in Sibirien von Stoßzahnjägern entdeckt. Seine mumifizierten Überreste enthalten Haut und Haare sowie Muskulatur. Analysen seiner Zähne zeigen, dass es bei seinem Tod rund 8 Jahre alt war.

Ichthyosaurus (oben), das größte und vollständigste marine Reptilienskelett, das jemals in Großbritannien gefunden wurde, wurde von Joe Davis entdeckt. Er war ein 10 m langer, räuberischer Meeresbewohner, und sein Schädel allein wog mehr als eine Tonne.

FOSSILIEN
Fossilien sind nicht immer versteinert. Der Begriff bezeichnet die erhalten gebliebenen Überreste, den Abdruck oder die Spur eines Organismus aus einem vergangenen geologischen Zeitalter. Mumifizierte Artefakte sind daher ebenso Fossilien wie in Bernstein oder Pech konservierte Organismen.

KLOAKENTIERE, BEUTELTIERE UND PLAZENTALE SÄUGETIERE

Wir alle sind mit Säugetieren vertraut – die behaarte, Milch gebende, warmblütige Gruppe von Arten, zu der auch wir gehören. Einige Arten sind jedoch weniger eng mit uns verwandt als andere. Beuteltiere, wie Kängurus und Opossums, bringen noch relativ unentwickelte Junge zur Welt, die im Inneren des mütterlichen Beutels heranreifen, während Kloakentiere, wie Schnabeltier und Schnabeligel, Eier legen, statt lebende Junge zu gebären. Wenn man weit genug in die Vergangenheit blickt, stellt man fest,

Evolution der Kloakentiere, der Beuteltiere und der plazentalen Säugetiere

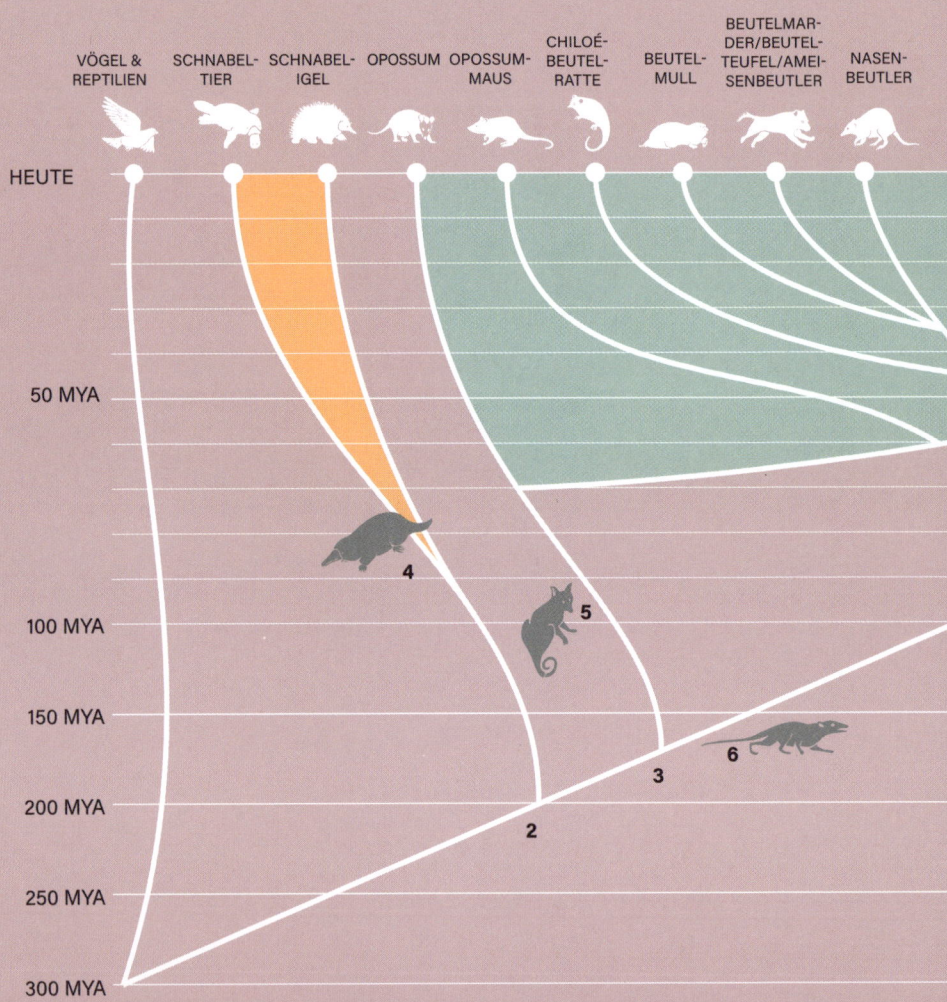

dass all diese Säugergruppen verwandt sind, Teil eines sich zunehmend auffächernden evolutionären Weges, der vor mehr als 200 Mio. Jahren begann.

Die Beuteltiere (Marsupialia) haben sich vor rund 170 Mio. Jahren in Nordamerika entwickelt. Vor ungefähr 66 Mio. Jahren gelangten sie nach Südamerika, das damals noch mit Australien verbunden war. 10 Mio. Jahre später hatten die Beuteltiere Australien erreicht. Die ältesten australischen Beuteltierfossilien, die 55 Mio. Jahre alt sind, weisen starke Ähnlichkeit mit etwa ebenso alten Beuteltierfossilien aus Südamerika auf. Gegenwärtig beherbergt der australische Kontinent rund 70 % aller heute lebenden Beuteltierarten.

● Kloakentiere   ● Beuteltiere   ● plazentale Säugetiere

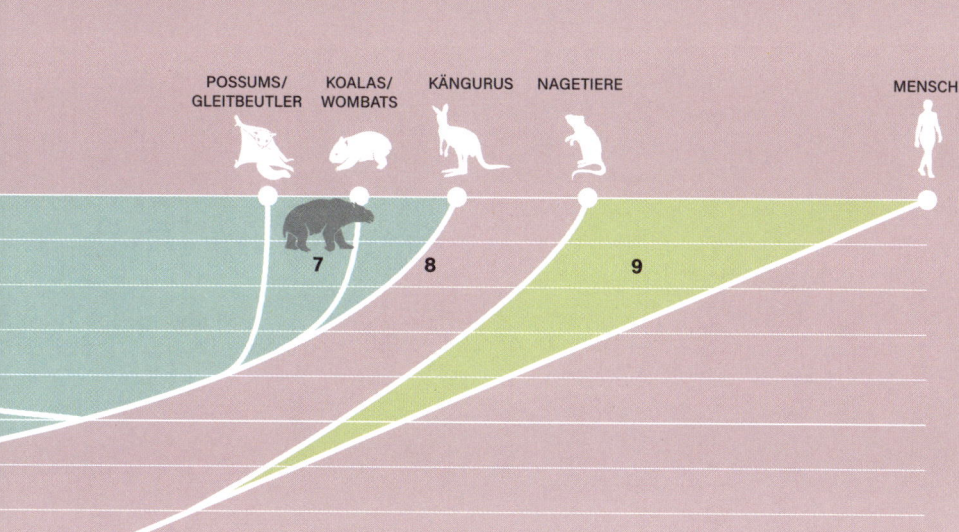

POSSUMS/GLEITBEUTLER   KOALAS/WOMBATS   KÄNGURUS   NAGETIERE   MENSCH

7   8   9

1 Säugetiere und Reptilien gehen getrennte Wege.

2 Kloakentiere spalten sich von den plazentalen Säugern ab.

3 Beuteltiere trennen sich von den plazentalen Säugern.

4 *Teinolophos* war ein kleines Geschöpf, ähnlich einem Schnabeltier. Wir kennen es nur von vier Teilen seines Kieferknochens, die in Australien gefunden wurden.

5 Eine der ältesten bekannten Beuteltierfossilien gehört zu einem mausgroßen Lebewesen namens *Sinodelphys*, das auf Bäume kletterte und Insekten fraß. Es stammt aus China.

6 Ein ebenfalls aus China stammendes spitzmausgroßes Lebewesen, *Juramaia sinensis*, ist eines der frühesten bekannten plazentalen Säugetiere.

7 *Diprotodon optatum* war das größte bekannte Beuteltier, das jemals existiert hat. Es war so groß wie ein Flusspferd und starb vor rund 25 000 Jahren aus.

8 Kängurus leben schon seit mind. 20 Mio. Jahren in Australien. Balbaridae waren hüpfende, kletternde entfernte Vettern der Kängurus und starben vor ungefähr 12 Mio. Jahren aus.

9 Die plazentalen Säuger diversifizieren sich.

VOM WILDTIER ZUM HAUSTIER

Das Menschen lernten, Tiere und Pflanzen zu domestizieren, hatte zur Folge, dass unsere Vorfahren ihre Lebensweise als Jäger und Sammler schließlich aufgaben und sich niederließen. Das führte zum Bau fester Siedlungen und der Anlage von Nahrungsreserven, was die Entwicklung von Handel, Technologie, Landwirtschaft und Urbanisierung vorantrieb.

Domestizierung ist nicht mit der Zähmung eines Wildtieres gleichzusetzen. Dieser Begriff bezieht sich vielmehr auf einen Prozess, der sich über zahlreiche Generationen hinzieht, in dessen Verlauf Menschen immer mehr Kontrolle über Biologie und Verhalten einer anderen Art gewinnen. Dieser Prozess wird gestützt von genetischen Veränderungen durch selektive Zuchtwahl, bei der Schlüsselindividuen mit wünschenswerten Merkmalen gezielt miteinander verpaart und weitergezüchtet werden.

HAUSRIND
Sämtliche Hausrinder leiten sich vom Auerochsen oder Ur ab, einem angriffslustigen Rind mit ausladenden Hörnern, das eine Schulterhöhe von 1,8 m aufwies. Seine Blütezeit erlebte der Auerochse während der letzten Eiszeit, als er häufig in Höhlenmalereien abgebildet wurde. Habitatverlust und Bejagung führten schließlich zu seinem Aussterben; der letzte Auerochse starb 1627.

SCHAF
(Naher Osten)

ZIEGE
(Naher Osten)

EUROPÄISCHES HAUSRIND
(Naher Osten)

Zeitachse und Ort der Domestizierung

Anzahl der Jahrtausende vor heute

| 35 | 34 | 33 | 32 | 31 | 30 | 29 | 28 | 27 | 26 | 25 | 24 | 23 | 22 | 21 | 20 | 19 |

HAUSHUND
(Eurasien)

HAUSHUND
Haushunde waren die ersten Tiere, die domestiziert wurden. Alle Hunderassen, die wir heute kennen, vom winzigen Rehpinscher bis zur riesigen Dänischen Dogge, stammen vom Wolf ab. Moderne Hunderassen und Wölfe teilen mehr als 99,5 % ihrer DNA, doch dieser kleine Unterschied reicht aus, um Hunden völlig andere Merkmale und Eigenschaften zu verleihen.

HAUSGANS
Einer Studie 2022 zufolge waren Gänse möglicherweise die ersten Vögel, die domestiziert wurden. Fossilien aus China deuten darauf hin, dass es bereits vor 7000 Jahren teilweise oder völlig domestizierte Hausgänse gab.

GOLDHAMSTER
Am 12. April 1930 entdeckte der Zoologe Israel Aharoni auf einem Feld in Syrien ein Hamsternest. Er nahm die Goldhamster in sein Labor in Jerusalem mit. Fünf Tiere entkamen, und einige fraßen die anderen. Doch im Verlauf der nächsten 18 Jahre wurden die verbliebenen Hamster gezielt miteinander verpaart (selektive Zuchtwahl), und die Population wuchs. Um 1948 hatten sich domestizierte Hamster bereits gut etabliert.

LAMA (Südamerika)

GOLDHAMSTER (Westasien)

HAUSGANS (Ostasien)

WESTLICHE HONIGBIENE (Naher Osten)

BUCKELRIND (Südasien)

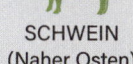

SCHWEIN (Naher Osten)

PFERD (Eurasien)

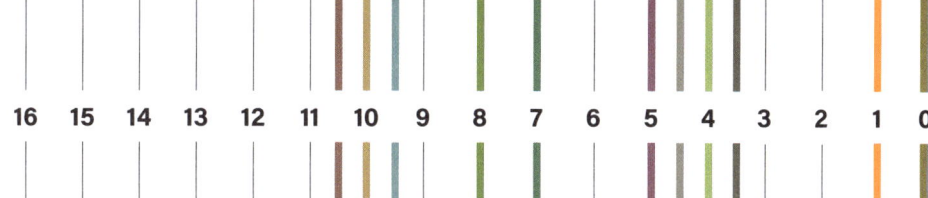

17 16 15 14 13 12 11 10 9 8 7 6 5 4 3 2 1 0

WEIZEN UND GERSTE (Naher Osten)

HAUSKATZE
Hauskatzen stammen von der Afrikanischen Wildkatze oder Falbkatze ab. Man nimmt an, dass diese sprichwörtlich unabhängigen Geschöpfe sich praktisch selbst domestiziert haben. Als vor rund 10 000 Jahren der Ackerbau aufkam, explodierten die Populationen von Mäusen und anderen Schadnagern, und die Bauern stellten fest, dass Katzen sich gut zur Schädlingsbekämpfung eigneten.

SEIDENSPINNER (Ostasien)

GOLDFISCH (Ostasien)

HAUSHUHN (Südostasien)

SILBERFUCHS (Nordasien)

HAUSKATZE (Naher Osten)

DER SILBERFUCHS

Eine Domestizierung muss nicht viele Tausend Jahre in Anspruch nehmen. 1958 startete der russische Zoologe Dmitri Beljajew ein Experiment, das zeigt, wie schnell so etwas gehen kann.

Er begann seine Zuchtversuche mit 130 Silberfüchsen. Die meisten Tiere waren sehr aggressiv, einige wenige zeigten sich jedoch etwas weniger angriffslustig. Er paarte diese «freundlichen» Tiere miteinander und wiederholte diesen Prozess anschließend. In jeder Generation wurden die freundlichsten Füchse miteinander gekreuzt.

Zeitachse der Domestizierung des Silberfuchses

Mit der Zeit veränderten sich die Füchse. Sie sahen anders aus und verhielten sich auch anders und wurden eher wie Hunde. Interessant daran ist, dass der Forscher nicht geplant hatte, einen hundeartigen Fuchs zu züchten. Vielmehr entwickelten sich die hundeartigen Züge allein dadurch, dass die Tiere nach ihrer Freundlichkeit ausgewählt wurden. Es dauerte weniger als ein Menschenleben, den Silberfuchs fast vollständig zu domestizieren. Das Diagramm unten zeigt die geschätzten Veränderungen im Verlauf der Generationen in Abhängigkeit von der Zeit.

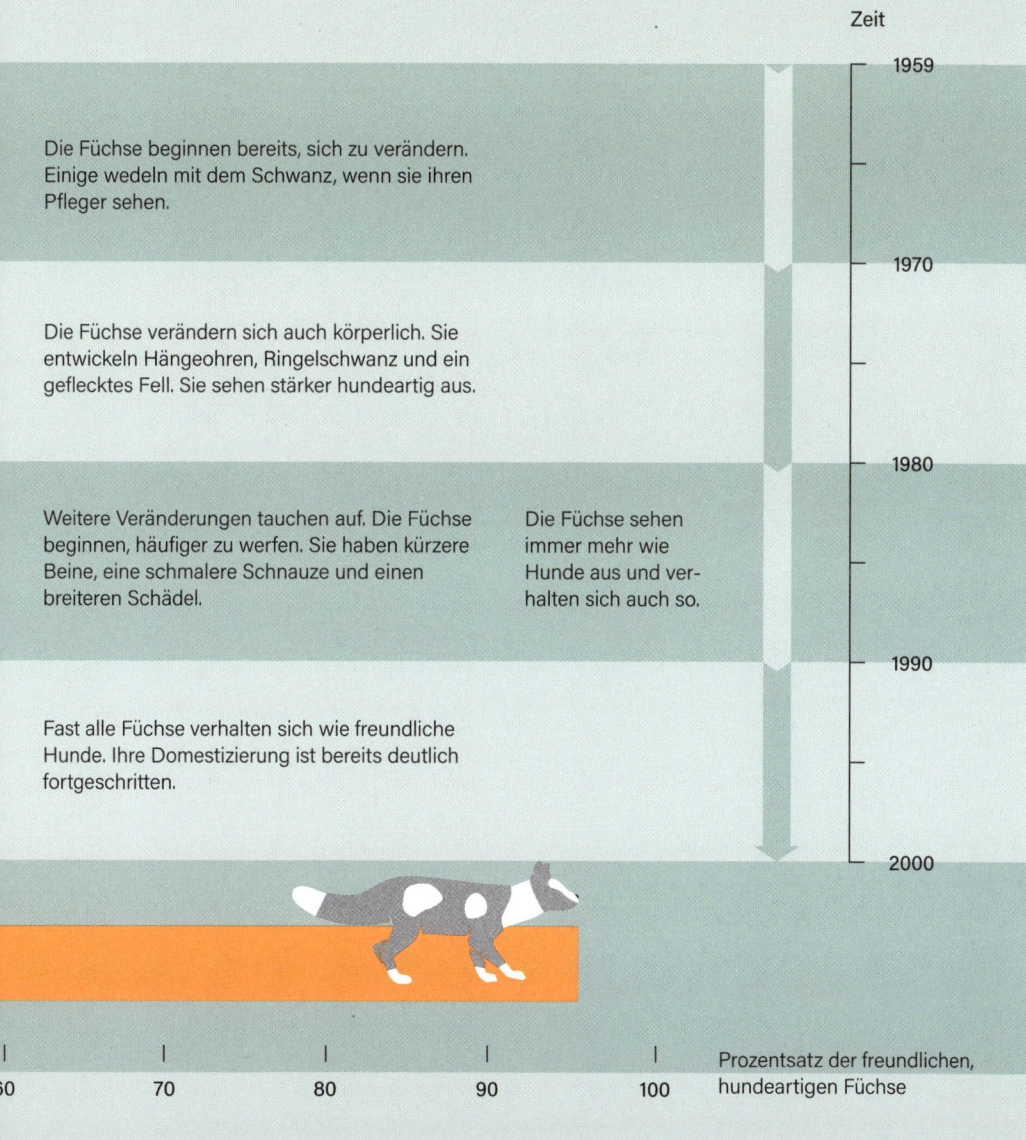

Zeit

1959

Die Füchse beginnen bereits, sich zu verändern. Einige wedeln mit dem Schwanz, wenn sie ihren Pfleger sehen.

1970

Die Füchse verändern sich auch körperlich. Sie entwickeln Hängeohren, Ringelschwanz und ein geflecktes Fell. Sie sehen stärker hundeartig aus.

1980

Weitere Veränderungen tauchen auf. Die Füchse beginnen, häufiger zu werfen. Sie haben kürzere Beine, eine schmalere Schnauze und einen breiteren Schädel.

Die Füchse sehen immer mehr wie Hunde aus und verhalten sich auch so.

1990

Fast alle Füchse verhalten sich wie freundliche Hunde. Ihre Domestizierung ist bereits deutlich fortgeschritten.

2000

60   70   80   90   100

Prozentsatz der freundlichen, hundeartigen Füchse

2
ÖKOLOGISCHE
ZEITSPANNEN

EINLEITUNG

Jeder Organismus ist Teil eines Ökosystems, einer biologischen Gemeinschaft aus lebenden, interaktiven Organismen und ihrer physischen Umwelt. Manchmal sind diese Ökosysteme klein, wie etwa ein Gartenteich oder ein Gezeitentümpel, manchmal aber auch riesig, zum Beispiel die gewaltigen Ökosysteme der Tundra nördlich vom nördlichen Polarkreis oder die üppigen grünen Regenwälder in Äquatornähe.

Auf den ersten Blick wirken diese Ökosysteme statisch. Wir nehmen die eingefrorene Momentaufnahme eines Ökosystems wahr, doch in Wirklichkeit sind Ökosysteme dynamische Gebilde, die sich in einem Zustand permanenten Wandels befinden. Organismen leben und sterben. Populationen kommen und gehen. Spezies entwickeln sich und sterben aus. Die Erde dreht sich im steten Wechsel der Jahreszeiten, und Tag folgt auf Nacht und Nacht auf Tag. Die Ozeane sind den Gezeiten unterworfen. Klimamuster ändern sich wie auch die physikalische Umwelt. Wind, Wasser und Eis sorgen für Erosion und formen das Land.

Aus all diesen Gründen sind ökologische Zeitspannen unglaublich vielfältig. So ist das Leben in Felstümpeln in Gezeitenzonen im Verlauf eines Tages extrem unterschiedlichen Bedingungen unterworfen. Die Ökologie lehrt uns, dass alles Leben auf der Erde miteinander verknüpft ist. Wir brauchen die reichhaltigen und vielfältigen Ökosysteme unseres Planeten für die Luft zum Atmen, für Wasser und Nahrung und vieles mehr. Ökosysteme sind nicht bloß eine hübsche Beigabe – für das Leben, wie wir es kennen, sind sie unerlässlich, und der Rückgang der Artenvielfalt und die Zerstörung von Ökosystemen durch den Menschen sind ein weltumspannendes Problem.

Die gute Nachricht lautet: Solange Ökosysteme nicht übermäßig in Mitleidenschaft gezogen wurden, sind sie in der Lage, sich wieder zu erholen. Das sehen wir daran, wie aus der Asche von Waldbränden neues Leben erwächst, und an der Pionierarbeit von Naturschützern in Brasilien, die den geschundenen Atlantischen Regenwald wiederaufforsten. Dank Schutzmaßnahmen werden Populationen bedrohter Spezies wieder größer, und in freier Natur blühen erneut vormals gefährdete Arten. Zeuge dieser Entwicklungen zu sein, ist außerordentlich ergreifend und bereichernd.

Biber sind Ökosystemingenieure. Sie bauen und erhalten komplexe Ökosysteme, die die Lebensgrundlage vieler anderer Arten bilden.

DIE VERWESUNG VON WALEN

AUFBLÄHEN: einige Stunden oder Tage
Mit einsetzender Verwesung blähen Fäulnisgase den Körper auf, der noch eine Weile an der Wasseroberfläche treiben kann. Haie und Meeresvögel tun sich an ihm gütlich.

SINKEN: Tage bis Wochen
Der Kadaver beginnt zu sinken. Mobile Aasfresser wie Schleim-aale und Eishaie reißen auf seinem Weg nach unten große Stücke Blubber aus ihm heraus. Schließlich landet er auf dem Meeresboden und wird nun als Walfall bezeichnet.

WALFALL
Ein Walfall hat vier unter-schiedlich lange und sich über-lappende Phasen. Unten sind sie vom Kopf (Phase 1) bis zum Schwanz (Phase 4) dargestellt.

PHASE 1: einige Monate bis 5 Jahre

MOBILE AASFRESSER
Aasfresser der Tiefsee, etwa Grenadier-fische, Krebse und Tintenfische, kommen von überall her, um sich satt zu fressen.

PHASE 2: einige Monate bis 2 Jahre

OPPORTUNISTEN
Verbleibende Weichteile werden gefres-sen. Krustentiere und Würmer besiedeln die Knochen und ernähren sich von den nährstoffreichen Sedimenten rund um den Kadaver.

WAS GESCHIEHT MIT EINEM TOTEN WAL?

Mit einer Länge von 30 m oder mehr ist der Blauwal das größte bekannte Tier. Einzelne Exemplare werden bis zu 90 Jahre alt, aber wenn sie sterben, können sie in der Nähe befindliche Lebensformen für einen ebenso langen Zeitraum ernähren. Der Körper des Wals bietet den Kreaturen der Tiefsee mit einem Mal ein überreiches Nahrungsangebot, und um den Kadaver entwickelt sich ein neues Ökosystem.

Nach Schätzungen von Wissenschaftlern befinden sich zu einem gegebenen Zeitpunkt weltweit rund 700 000 Kadaver der neun größten Walarten im Zustand der Verwesung. Jeder ernährt etwa bis zu 400 verschiedene Spezies. Es ist nicht leicht, tote Wale zu finden oder zu untersuchen. Darum lassen Wissenschaftler gestrandete Wale manchmal absichtlich auf den Meeresgrund sinken, um entsprechende Untersuchungen durchführen zu können.

PHASE 3: bis zu 100 Jahre

AUFLÖSUNG DER KNOCHEN
Bakterien, Knochenfresser-Würmer (*Osedax*), Muscheln und andere Organismen bauen das in den Knochen befindliche Fett ab. Dabei wird Schwefelwasserstoff freigesetzt, von dem sich andere Organismen ernähren.

PHASE 4: Dauer unbekannt

RIFFSTADIUM
Die verbleibenden Knochenfragmente ohne organisches Material, die aber noch Mineralien enthalten, werden von Suspensionsfressern wie Weichtieren besiedelt.

DIE VORTEILE EINER SEEBESTATTUNG

Schätzungen zufolge ließen Walpopulationen vor Einsetzen des kommerziellen Walfangs im 11. Jahrhundert pro Jahr zwischen 190 000 und 1,9 Mio. Tonnen Kohlenstoff auf den Meeresboden sinken. Das entspricht 40 000–410 000 stillgelegten Autos pro Jahr. Werden Wale jedoch getötet und verarbeitet, statt sie auf natürlichem Wege sterben und versinken zu lassen, wird der Kohlenstoff in die Atmosphäre freigesetzt. Man geht davon aus, dass der Walfang im 20. Jahrhundert zur Emission von zusätzlichen 70 Mio. Tonnen Kohlendioxid geführt hat. Wale können den Kampf gegen den Klimawandel unterstützen, wenn die Menschen sie nur ihrer Natur gemäß leben und sterben ließen.

Der Grund der Tiefsee ist kalt, dunkel und weitgehend karg. Organismen leben dort überwiegend von herabsinkendem toten und verrottenden Material, etwa toten Tiere und Pflanzen, Sand, Ruß und Fäkalien, die reich an Kohlenstoff und Stickstoff sind. Man spricht von «Meeresschnee», weil die fallenden Partikel ein wenig wie Schneeflocken aussehen. Auf dem Meeresboden vermischen sie sich mit der Schlammschicht, die rund drei Viertel des Tiefseebodens bedeckt.

In dieser nährstoffarmen Umgebung bedeutet ein Walfall ein wahres Festmahl. Ein einziger verwesender Wal liefert den gleichen Gehalt an Kohlenstoff wie Meeresschnee, der im Lauf von 2000 Jahren auf ein 50 m² großes Stück Meeresboden fällt.

Es kann Wochen dauern, bis die Flocken den Meeresgrund erreichen.

In 1 Mio. Jahren wächst die Schlammschicht um 6 m.

«KNOCHENFRESSER-WÜRMER»

«Knochenfresser-Würmer» *(Osedax)* wurden erstmals 2002 an einem Walfall in 3000 m Tiefe in der Monterey Bay, Kalifornien, entdeckt. Sie besitzen weder Mund noch Darm. Zur Nahrungsaufnahme bohren sie sich mit einem spezialisierten Wurzelgewebe in Knochen hinein. Bekannt sind mindestens 26 Arten, darunter *Osedax mucofloris,* «knochenfressende Rotzblume». Ihre «Blüten» sind zarte Gewebefedern, die durchs Wasser wehen und Sauerstoff absorbieren. Frisch geschlüpfte Larven überleben 10 Tage ohne Nahrung, was ihnen Zeit gibt, umherzutreiben und einen anderen Walfall zu besiedeln.

Ärmchen

Rumpf

Wurzeln

«Knochen-
fresser-
Würmer»
wurden vor über
20 Jahren
entdeckt.

0 JAHRE

UNBEWACHSEN
Unmittelbar nach einem Feuer
sieht der Boden unfruchtbar
aus, doch in ihm schlummern
lebendige Pflanzensamen.

1–2 JAHRE

EINJÄHRIGE PFLANZEN
Als Erste erscheinen kurz-
lebige Einjährige. Sie bilden
Samen, die der Arterhaltung
dienen.

PIONIERARTEN

3–4 JAHRE

GRÄSER UND STAUDEN
Dauerhaftere Pflanzen siedeln sich an; manche halten
sich das ganze Jahr, andere
sterben oberirdisch ab und
treiben im Frühjahr wieder
aus.

NEUES LEBEN AUS DER ASCHE

Selbst nach schwerwiegenden Störungen wie verheerenden Bränden
oder Überschwemmungen ist kaum eine Landschaft ohne Leben. Vielleicht wurden Bäume und Pflanzen zerstört, Tiere vertrieben und die
Gegend in ihrer biologischen Entwicklung zurückgeworfen, doch der
Boden bewahrt Nährstoffe und Pflanzensamen. Mit der sogenannten
sekundären Sukzession beginnt sich die Landschaft zu erholen, und
Flora und Fauna kehren zurück. Arten wie die Banks-Kiefer Nordamerikas haben einen Startvorteil, weil sie an Brände angepasst sind.
Erst nach starker Hitze öffnen sich die Zapfen und geben die Samen
frei, wohingegen andere Kiefernarten eine dickere feuerfeste Rinde
entwickelt haben. In Lichtungen mit umgestürzten Bäumen entstehen
neue Ökosysteme, weil Pflanzen, die im Schatten nicht gut gedeihen,
nun den größeren Lichteinfall nutzen und neue Insektenarten auf
Nahrungssuche anlocken.

FEUERÖKOLOGIE

Feuer kann Gutes bewirken. Kleinere saisonale Brände beleben Ökosysteme mit Nadelwald, Buschland und Grasland. Feuer beseitigt tote organische Materie, sorgt für Nährstoffe im Boden und regt Wachstum an. Pflanzen und Tiere besiedeln neue Lichtungen, was Biodiversität fördert. Manche Bäume brauchen sogar Hitze, um Samen freizusetzen. Kontrollierte Brände können wüste Flächenbrände eindämmen, doch ein grundsätzliches Verhindern von Feuer kann die Biodiversität drastisch verringern. Heute weiß man, dass Feuer für viele Landschaften eine «natürliche Störung» darstellt, die zur Entstehung von neuem Leben notwendig ist.

AUSTRALIENS VERLUSTE

2019 verwüsteten Buschfeuer bei extremer Hitze, Dürre und starken Winden riesige Gebiete Australiens. Mindestens 1 Mrd. Lebewesen starben, viele davon endemische Arten, wie das Langfußpotoroo, der Bergbilchbeutler oder der Gelbbauch-Erdsittich. Einheimische Bäume überleben Brände eher. Eukalyptus braucht Hitze zum Öffnen der Samenkapseln, bei anderen Arten sind die Samen im Boden oder in der Baumkrone geschützt, manche Pflanzen treiben aus Erneuerungsknospen unter der Rinde wieder aus.

INTERMEDIÄRARTEN

5–150 JAHRE

KLIMAXSTADIUM

150+ JAHRE

GRÄSER, STRÄUCHER, KIEFERN, JUNGE EICHEN UND HICKORYBÄUME
Diese mehrjährigen Arten sorgen zunächst für Unterholz, doch mit den Jahren werden sie höher, locken Vögel an und bieten den Tieren des Waldes wichtigen Schutz.

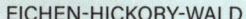

EICHEN-HICKORY-WALD
Die höchsten, ältesten Bäume befinden sich im Klimaxstadium – dem Endstadium in der Entwicklung eines Waldes. Nur Holzschlag oder Feuer können den Bäumen etwas anhaben.

DER BIBER – EIN ÖKOSYSTEMINGENIEUR

Biber sind bemerkenswerte Tiere mit ihren meißelartigen Nagezähnen, den Schwimmhäuten an den Hinterpfoten und dem flachen, schuppigen Schwanz. Sie gestalten die Landschaft und fördern die lokale Biodiversität, indem sie Dämme und Baue errichten und damit auch anderen Arten Lebensräume schaffen. Man erwägt, mithilfe von Bibern degradierte Ackerflächen und andere karge Habitate zu revitalisieren.

2002 starteten Wissenschaftler gemeinsam mit dem Scottish National Heritage in Großbritannien ein Experiment – sie setzten Biber auf einer 5 km² großen Brachfläche aus, die im 19. Jahrhundert trockengelegt worden war. Im Jahr 2000 gab es dort Grasland und kleine Gruppen sommergrüner Bäume wie Weide und Erle, außerdem einen Entwässerungsgraben, der von einer nahen Quelle gespeist wurde.

Wie Biber eine Landschaft verändern

2002	2006
Ein ausgesetztes Biberpaar begann Bäume zu fällen und den ersten Damm zu bauen. Er war 3 m lang und ließ den Wasserpegel um 70 cm steigen.	Die Biber bekamen Junge. Während der Studie lebten dort durchschnittlich vier Biber.

Die Biber krempelten die Landschaft um. Es entstanden über 195 m
an Dämmen, 500 m an Kanälen und Teiche von insgesamt 1 Morgen. Das
wiederum schuf eine Vielfalt neuer Lebensräume, zum Beispiel Süßwasser-
tümpel und Marschland.

In dieser Zeit erhöhte sich die Gesamtzahl der Arten um etwa 150 %,
mit einer vielfältigen Mischung aus Pflanzen und Tieren. Von Dämmen bis
zu Kleinlibellen bot das Umfeld neue Habitate für Pflanzen, Wirbellose,
Amphibien, Fische, Vögel und andere Säugetiere.

Weitere Studien haben gezeigt, inwiefern Biber und ihre Dämme auch
dazu beitragen, die Wasserqualität zu verbessern, Bodenerosion zu verhindern und Überschwemmungen einzudämmen.

2016

Die Biber kurbelten den Regenerationsprozess
an, indem sie ganz verschiedenen Organismen
wieder Lebensräume und Nahrung boten.

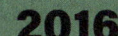

BAUMEISTER

Biber sind zweifellos die Top-Holzarbeiter des Tierreichs. Wie sie mit den von ihnen gefällten Bäumen neue Biotope schaffen, ist so beeindruckend, dass man sie als «Ökosystemingenieure» bezeichnet.

Wie Biber ihre Dämme bauen

5 MINUTEN   **1 NACHT**   **< 1 TAG**

Mit seinen scharfen Zähnen und kräftigen Kiefern kann ein ausgewachsener Biber ein relativ junges Bäumchen in nur 5 Minuten fällen.

In nur einer Nacht kann ein ausgewachsener Biber eine 20-m-Pappel fällen, in 12 Stücke teilen und das Holz zum Wasser ziehen. Er kann sein eigenes Gewicht in Holz tragen.

In weniger als 1 Tag bauen Biber einen wasserdichten Damm. Zuerst treiben sie Zweige und Holzstücke in den Schlamm am Gewässergrund. Dann errichten sie den eigentlichen Bau aus Stöcken, Rinde, Steinen, Lehm und Pflanzenteilen. Der Wasserpegel im Oberlauf steigt und bildet einen Teich. Bei einem Pegelstand von etwa 80 cm ist das Wasser tief genug für den Biberbau.

~ 2 NÄCHTE

~ 2 WOCHEN

Zur Errichtung eines rudimentären Baus, der dem folgenden Winter trotzen kann, brauchen Biber mehrere Nächte.

2 Wochen genügen, um diesen Bau zu einer großartigen Konstruktion zu erweitern. Biberbaue können 12 m breit und über 3 m hoch werden. Sie bestehen aus sorgfältig arrangierten Stöcken, Holzstücken und anderen Pflanzenteilen. Lehm dient als Mörtel und Isolation gegen die Kälte, nur ganz oben ist eine kleine Luftröhrenöffnung. Der Bau enthält in der Regel 3 Räume – Wochenstube, Wohnkammer und Fresskammer – und verfügt über mehrere versteckte Unterwasserzugänge.
Über die Jahrzehnte kann ein Biberbau Generationen von Bibern beherbergen, und manchmal leben mehrere Generationen einer Familie gleichzeitig dort.

DIE GRÜNE LUNGE DER ERDE

Tropische Regenwälder werden oft als «grüne Lunge der Erde» bezeichnet, weil sie Kohlendioxid «einatmen» und Sauerstoff «ausatmen», doch das ist längst nicht alles. Sie tragen zur Stabilisierung des Weltklimas und des globalen Wasserkreislaufs bei und weisen eine überwältigende Biodiversität auf.

Entwaldung in Südamerika damals und heute

ursprüngliche Waldbedeckung
(vor 500 Jahren)

AMAZONAS-REGENWALD
Der Amazonas-Regenwald ist der größte und bekannteste Regenwald der Erde. Seit über 55 Mio. Jahren ist er ein Hort der biologischen Vielfalt und beherbergt heute ein Zehntel aller bekannten Arten. In den letzten 50 Jahren wurden etwa 17 % des Waldes zerstört, und Wissenschaftler befürchten einen Kipppunkt, der ein Massensterben der verbleibenden Bäume einläuten könnte.

ATLANTISCHER
REGENWALD

HARPYIE
Die gewaltige Harpyie wird im Amazonas-Regenwald immer seltener, im Atlantischen Regenwald ist sie praktisch ausgestorben. Das liegt vor allem an der Zerstörung ihres Lebensraums, weil offenes Gelände diesem Spitzenprädator die Jagd erschwert, und die verbliebenen Waldinseln sind für seinen Erhalt zu klein. In der Roten Liste der IUCN wurde die Harpyie als gefährdet eingestuft.

Im Regenwald leben etwa 30 Mio. Pflanzen- und Tierarten, doch dieses Ökosystem ist bedroht. Tropische Regenwälder werden abgeholzt, um Platz für Rinderfarmen,
Plantagen und Minen zu schaffen. Jahr für Jahr werden über
10 000 km² zerstört.

● ursprüngliche Waldfläche

● abgeholzte Waldfläche

aktuelle Waldbedeckung

AMAZONAS-
REGENWALD

ATLANTISCHER REGENWALD

Der Atlantische Regenwald
ist weniger bekannt als der
Amazonas-Regenwald, aber
genauso bedeutend. 2 % aller
Pflanzen- und Landwirbeltier-
arten der Erde sollen im Atlantischen Regenwald endemisch
sein. Er ist ein Flickenteppich
verschiedener Ökosysteme,
etwa tropischer Regenwald,
Nebelwald und Grasland. In
den letzten 500 Jahren wurden
über 80 % davon zerstört, und
der Rest besteht überwiegend
aus kleinen, unzusammen-
hängenden Fragmenten.
Inzwischen nehmen viele
Wissenschaftler an, dass einige
dieser Ökosysteme im Lauf der
nächsten 50 Jahre kollabieren
könnten.

GELBOHR-BÜSCHELAFFE

Wegen seiner markanten
Gesichtszeichnung wird der
Gelbohr-Büschelaffe auch *sagui
caveirinha* («Schädeläffchen»)
genannt. Er kommt nur in den
Bergregionen des Atlantischen Regenwalds vor, wo ihn Habitatschwund und
-fragmentierung zunehmend bedrängen. In
nur 18 Jahren (3 Generationen) hat sich der
Bestand halbiert. Mittlerweile gilt die Art als
stark gefährdet.

WIE MAN EINEN REGENWALD AUFFORSTET

Regenwälder werden zwar weiterhin gefällt, doch es gibt Grund zur Hoffnung. Überlässt man abgeholzte Flächen sich selbst, können sie nachwachsen. Solche regenerierten Wälder nennt man Sekundärwald.

Etwa ein Drittel von Brasiliens vernichteten Regenwäldern erholt sich auf natürlichem Wege – das gleicht rund 12 % der Kohlenstoffemissionen durch die Abholzungen im Amazonasgebiet aus, was aber keineswegs die Fällung des Primärwaldes rechtfertigt.

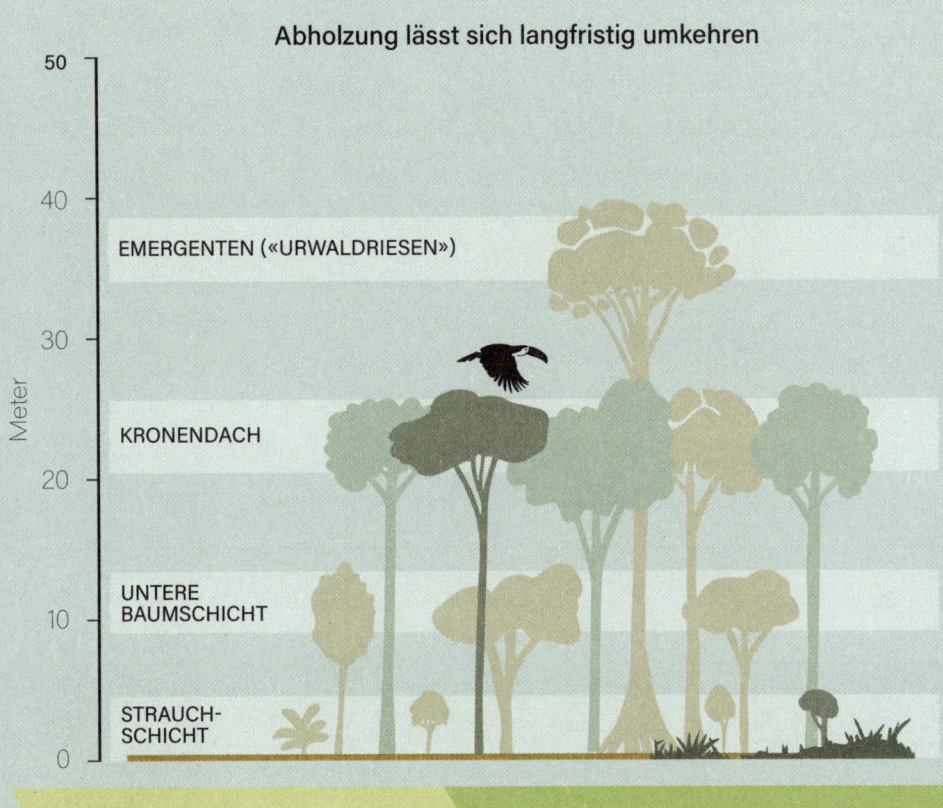

Abholzung lässt sich langfristig umkehren

EMERGENTEN («URWALDRIESEN»)

KRONENDACH

UNTERE BAUMSCHICHT

STRAUCH-SCHICHT

Meter

50

40

30

20

10

0

0

15 JAHRE

Das Wachstum setzt sofort ein, braucht aber 1–2 Jahre, bis es richtig Fahrt aufnimmt.

Erst nach 15 Jahren ähneln die nachgewachsenen Pflanzen einem Wald.

DAS «INSTITUTO TERRA» IN BRASILIEN

Mit entsprechender Unterstützung lässt sich das Wachstum von Sekundär-
wäldern beschleunigen. Im brasilianischen «Instituto Terra» – einer ehema-
ligen Rinderfarm – haben Einheimische in 15 Jahren 297 Arten des Atlantischen Regenwalds nachgepflanzt – insgesamt über 2,5 Mio. Setzlinge! Nun
ist der Regenwald zurückgekehrt und wird stetig von ikonischen Spezies
wie dem Mähnenwolf, dem Jaguar und der Rotscheitelamazone wiederbe-
siedelt.

EMERGENTEN
(«URWALDRIESEN»)

KRONEN-
DACH

UNTERE
BAUMSCHICHT

STRAUCH-
SCHICHT

40 JAHRE

40 Jahre brauchen diese Sekundärwälder, um 85 % der ursprüng-
lichen Biodiversität zurückzuerlangen. Das gelingt aber nur, wenn
es noch Tiere und Pflanzen gibt, die sich wiederansiedeln, sich
fortpflanzen und heranwachsen können.

FRÖSCHE IN DER PATSCHE

Frösche und Kröten spielen in vielen Ökosystemen eine Schlüsselrolle. Sie sind zugleich Beutegreifer und Beute und tragen so zum Gleichgewicht sensibler Nahrungsketten bei. Jetzt droht den Amphibien jedoch der Untergang. Weltweit ist ein tödlicher Pilz auf dem Vormarsch, der Chytridiomykose verursacht. Diese Infektion ist für die größten dokumentierten Verluste an Biodiversität aufgrund von Krankheiten verantwortlich.

Chytridiomykose wird von zwei Pilzarten ausgelöst. Der Pilz infiziert und beschädigt die Haut der Amphibie, beeinträchtigt damit ihre Atmung und die Regulation des Wasserhaushalts. Das kann zu Herzversagen führen. Bei günstigen Bedingungen kann der Pilz auch außerhalb seines Wirtes überleben.

Zeitleiste eines Pilzes, der Frösche tötet

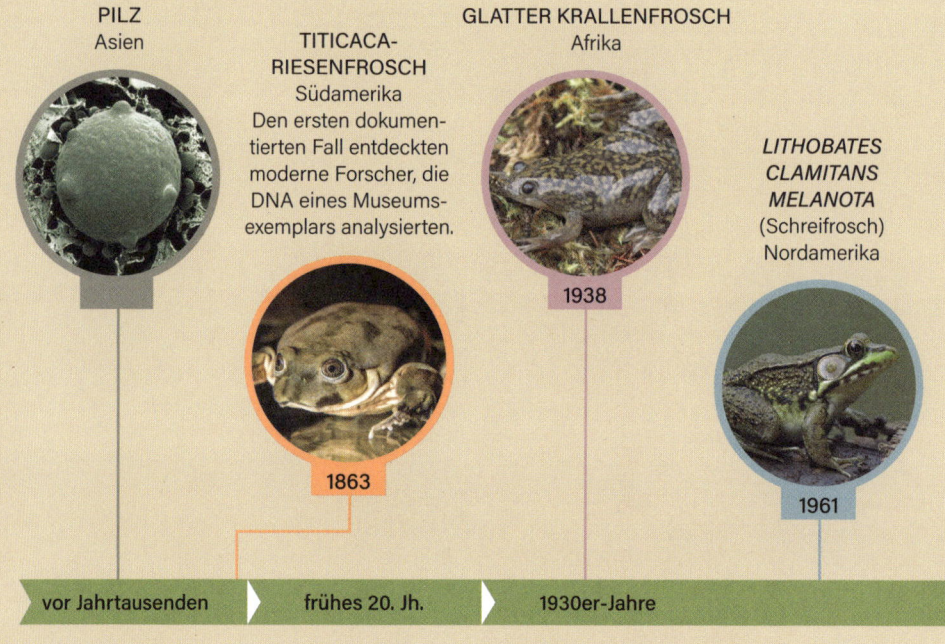

PILZ
Asien

TITICACA-RIESENFROSCH
Südamerika
Den ersten dokumentierten Fall entdeckten moderne Forscher, die DNA eines Museumsexemplars analysierten.

GLATTER KRALLENFROSCH
Afrika

1938

LITHOBATES CLAMITANS MELANOTA
(Schreifrosch)
Nordamerika

1863

1961

vor Jahrtausenden	frühes 20. Jh.	1930er-Jahre
Den Pilz gibt es schon jahrtausendelang, doch früher war er nur ein lokaler Krankheitserreger. Vermutlich stammt er aus Asien.	Laut modernen Analysen von Museumsfröschen kam der Chytridpilz im frühen 20. Jh. in Südafrika und Asien vor, wo er vermutlich kleinere Ausbrüche verursachte.	Beginn des internationalen Amphibienhandels. Frösche wurden als Versuchs- und Haustiere weltweit verschickt. Die Krankheit breitete sich gemeinsam mit ihnen aus.

INTERKONTINENTALE VERBREITUNG DES CHYTRIDPILZES

ATELOPUS CRUCIGER
Südamerika

LITORIA GRACILENTA
Australien

RANOIDEA RANIFORMIS
Neuseeland

1986

LITHOBATES TARAHUMARAE
Mittelamerika

GEBURTSHELFERKRÖTE
Europa

1978

1999

1983

1997

1970er-Jahre	1980er-Jahre	1990er-Jahre	Gegenwart
Forschern fiel auf, dass Frösche starben. Dem Chytridpilz fielen Hunderte Froschpopulationen in Australien sowie Nord- und Südamerika zum Opfer.	Der Pilz breitete sich weltweit aus. Das Froschsterben erreichte Höchstwerte, die Bestände schwanden, aber in Asien waren die Frösche nun gegen die Krankheit immun.	Australische Forscher identifizierten den Chytridpilz, aber mittlerweile hatte er bereits mindestens vier Froscharten ausgelöscht.	Der Chytridpilz hat mindestens 500 Amphibienarten dezimiert, davon sind 90 wohl ausgestorben. Nur 12 % der betroffenen Arten scheinen sich zu erholen. Der Pilz bleibt eine ernste globale Bedrohung.

LEBEN ZWISCHEN DEN GEZEITEN

Ebbe und Flut wechseln sich pro Mondtag zweimal ab. Ein Mondtag dauert 24 Stunden und 50 Minuten, ist also länger als ein Sonnentag mit seinen 24 Stunden. Er bezeichnet die Zeit, nach der der Mond bedingt durch die Erdrotation und seine eigene Bewegung wieder am selben Punkt über der Erde steht.

Ebbe und Flut verändern die Landschaft in stetem Wechsel – von wirbelnder Gischt zu trockenem Fels. Gezeitenzonen findet man dort, wo Meer auf Land trifft, von Felsklippen und Korallenriffen zu Mangroven und Watt. Die hier lebenden Organismen haben sich an die Extrembedingungen angepasst.

Leben in der Gezeitenzone ist dem Wandel unterworfen

SPRITZWASSERZONE
Dieser Bereich wird von Gischt und hohen Wellen benetzt und nur bei sehr hoher Flut oder schweren Stürmen überschwemmt.

NAPFSCHNECKEN

RANKENFUSSKREBSE

MITTLERE BIS HOHE ZONE
Geringere Fülle an Leben, meist Tiere mit Schalen – entweder mobile wie Einsiedlerkrebse, die bei Ebbe ins tiefere Wasser flüchten, oder sessile wie Rankenfußkrebse, deren Schalen sie vor Austrocknen oder Fressfeinden schützen.

EINSIEDLERKREBS

MITTLERE BIS NIEDRIGE ZONE
Größere Fülle an Leben. Da Lebewesen hier nicht so leicht austrocknen, kommen sie gut zurecht. Viele tierische und pflanzliche Organismen, wie Seeanemonen und Seetang, sind an Felsen im Wasser verankert, wo sie der Brandung trotzen.

MUSCHELN

SEEANEMONEN

EIN MONDTAG
Zweimal in 24 h und
50 min wechseln
Ebbe und Flut, sodass
sich Wasserstände
und Gezeitenkalen-
der täglich ändern.

EBBE

FLUT

FLUT

EBBE

HOHE GEZEITENZONE
Dieser Bereich wird nur bei Hochwasser vom
Wasser erreicht und bleibt über lange Zeit-
räume trocken.

MITTLERE GEZEITENZONE
Der Bereich liegt bei Ebbe oder Flut zweimal
pro Mondtag abwechselnd über oder unter
Wasser.

SEETANG

NIEDRIGE GEZEITENZONE
Dieser Bereich liegt außer bei Niedrig-
wasser immer unter Wasser.

MEERESSCHNECKEN

SEESTERNE

MEERESALGEN

FÜR IMMER DAHIN

Das Aussterben einer Art gefährdet die Stabilität ihres einstigen Ökosystems – wie bei einem hohen Turm aus Holzquadern. Nimmt man einige Klötze heraus, beginnt der Turm zu wackeln. Nimmt man aber zu viele heraus, bricht der Turm schließlich zusammen. Es gibt eine normale Hintergrund-aussterberate (siehe unten), doch in den letzten paar Hundert Jahren ist diese Rate gestiegen, und heute geht man davon aus, dass in den nächsten Jahr-zehnten etwa 1 Mio. Tier- und Pflanzenarten aussterben könnten. Es besteht die Sorge, dass dies manche Ökosysteme und ihre wichtigen Leistungen in Gefahr bringt.

BEUTELWOLF

In nur 200 Jahren sank die Beutelwolfpopulation von 5000 auf 1. Der Beutelwolf oder «Tasmanische Tiger», Spit-zenprädator und fleischfressendes Beuteltier, lebte in Australien, Tas-manien und Neuguinea. Der letzte bekannte Beutelwolf, Benjamin, starb einsam am 7. Septem-ber 1936 im Beaumaris Zoo (Tasmanien).

Aussterberaten

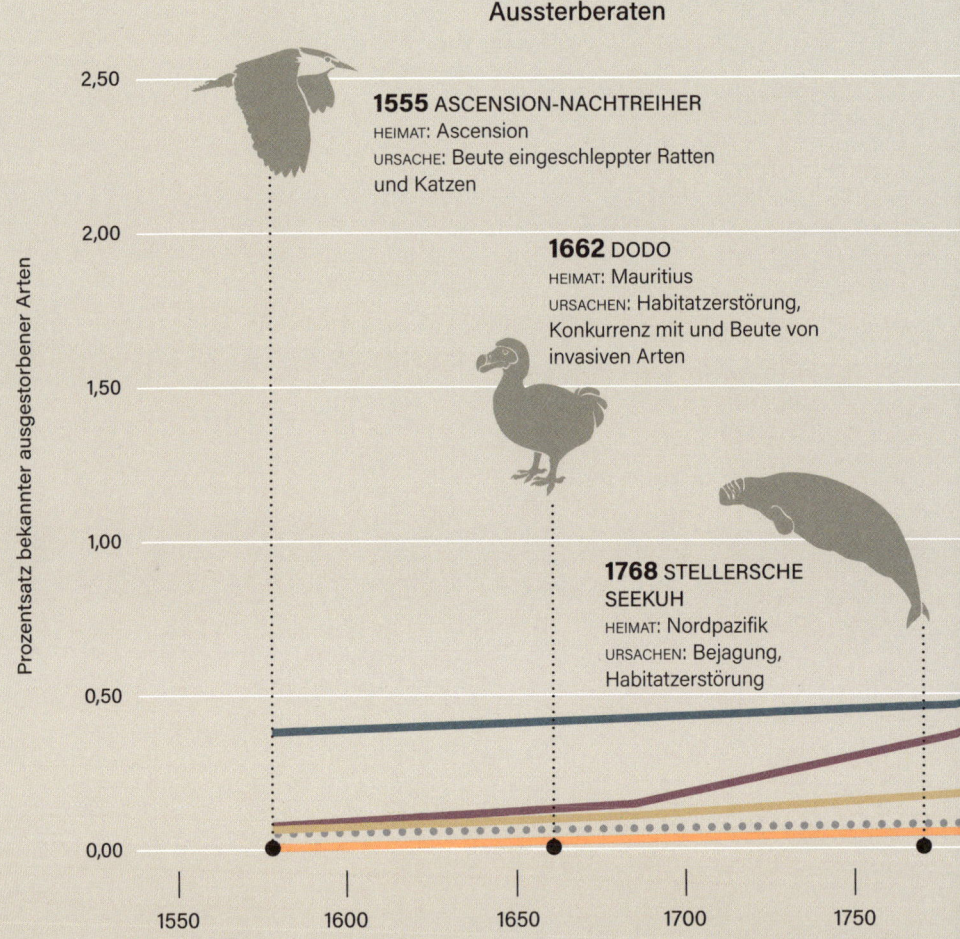

1555 ASCENSION-NACHTREIHER
HEIMAT: Ascension
URSACHE: Beute eingeschleppter Ratten und Katzen

1662 DODO
HEIMAT: Mauritius
URSACHEN: Habitatzerstörung, Konkurrenz mit und Beute von invasiven Arten

1768 STELLERSCHE SEEKUH
HEIMAT: Nordpazifik
URSACHEN: Bejagung, Habitatzerstörung

Prozentsatz bekannter ausgestorbener Arten

2,50 · 2,00 · 1,50 · 1,00 · 0,50 · 0,00

1550 · 1600 · 1650 · 1700 · 1750

Heute sind über 40 % der Amphibienarten, fast 33 % der riffbildenden Korallen und über ein Drittel aller Meeressäuger vom Aussterben bedroht. Über Insekten weiß man weniger, aber schätzungsweise sind 10 % bedroht. Seit dem 16. Jahrhundert wurden mindestens 680 Wirbeltierarten ausgerottet.

WANDERTAUBE
In nur 200 Jahren schrumpften die Wandertaubenpopulationen von Milliarden auf eine. Der einst häufigste Vogel Nordamerikas bildete Schwärme mit Millionen Exemplaren. Die letzte Wandertaube, Martha, starb am 1. September 1914 im Cincinnati Zoo (USA).

- Säugetiere
- Durchschnitt aller Wirbeltiere
- Vögel
- Reptilien, Amphibien und Fische
- Hintergrundaussterberate

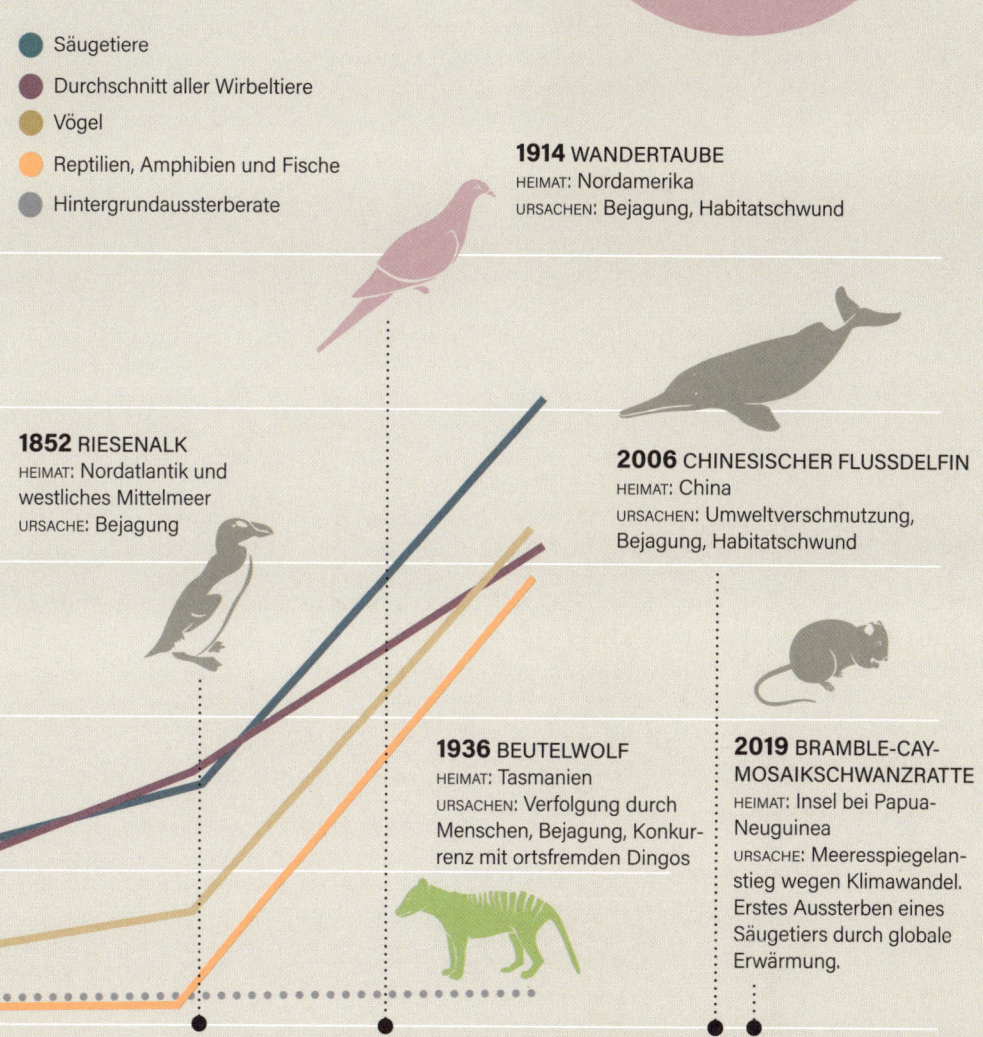

1914 WANDERTAUBE
HEIMAT: Nordamerika
URSACHEN: Bejagung, Habitatschwund

1852 RIESENALK
HEIMAT: Nordatlantik und westliches Mittelmeer
URSACHE: Bejagung

2006 CHINESISCHER FLUSSDELFIN
HEIMAT: China
URSACHEN: Umweltverschmutzung, Bejagung, Habitatschwund

1936 BEUTELWOLF
HEIMAT: Tasmanien
URSACHEN: Verfolgung durch Menschen, Bejagung, Konkurrenz mit ortsfremden Dingos

2019 BRAMBLE-CAY-MOSAIKSCHWANZRATTE
HEIMAT: Insel bei Papua-Neuguinea
URSACHE: Meeresspiegelanstieg wegen Klimawandel. Erstes Aussterben eines Säugetiers durch globale Erwärmung.

1800   1850   1900   1950   2000

DER UNTERGANG DER STELLERSCHEN SEEKUH

Alle Lebewesen sind in komplexe Nahrungsnetze eingebunden. Daher kann das Verschwinden einer Art das Wohlergehen vieler anderer Arten beeinflussen. Diesen Welleneffekt nennt man trophische Kaskade: Aussterben kann zu Aussterben führen und in verblüffend kurzer Zeit erfolgen, wie die Geschichte der Stellerschen Seekuh uns nur zu deutlich vor Augen führt.

Zeitleiste des Aussterbens

1741 Die Stellersche Seekuh wird von Georg Wilhelm Steller entdeckt, als seine Expedition an den Kommandeurinseln strandet. Sie töten das Tier zum Verzehr.

In den nächsten 27 Jahren kommen andere Seeleute auf der Reise nach Alaska vorbei und tun sich an Seekühen gütlich. Das dezimiert die Seekuhpopulation erheblich.

In derselben Region leben Seeotter. Sie werden wegen ihres Fells gejagt. Ihre Zahl schrumpft.

Seeotter fressen Seeigel, und diese fressen die Haftorgane, die den Tang am Meeresboden verankern.

Die Stellersche Seekuh war ein pflanzenfressender Meeressäuger, der in Tangwäldern lebte und sich vom Tang ernährte. Sie wurde bis zu 9 m lang und war mit dem Dugong und dem Manati verwandt. Sein Schicksal war jedoch letztlich mit dem der Seeotter, der Seeigel und des Tangs in seinem Lebensraum verknüpft.

1748 Die Zahl der bejagten Seeotter schrumpft, weswegen mehr Tang von Seeigeln gefressen wird. Das führt zum allmählichen Absterben des Tangwalds.

1753 Die Seeotter in diesem Meeresgebiet sterben allmählich aus. Der Tangwald wird weiter geschwächt.

Stellers Seekühe ernähren sich vorwiegend von Tang. Ihre Zahl nimmt ab, weil sie langsam verhungern.

1768 Die Vernichtung der lokalen Seeotter ist Auslöser einer fatalen trophischen Kaskade. Die Stellersche Seekuh stirbt aus.

ERFOLGSGESCHICHTEN IM ARTENSCHUTZ

Ende des 19. Jahrhunderts entstand die moderne Umweltschutzbewegung, und 1973 verabschiedeten die USA den Endangered Species Act, unter dem gefährdete Arten vermerkt oder «aufgelistet» werden, um sie zu schützen und wieder zu stabilisieren. Bessert sich die Lage für eine Spezies, wird sie von der «Roten Liste» gestrichen.

Die Listung von Schlüsselarten

● gelistet

○ von der Liste gestrichen

POTENTILLA ROBBINSIANA

SCHWARZFUSSILTIS
Die sylvatische Pest dezimierte die Populationen dieses nordamerikanischen Marders stark. 1979 galt die Art als ausgestorben, doch dann entdeckte man eine kleine Population und startete ein Programm für die Zucht in Gefangenschaft. Inzwischen entließ man über 4000 Individuen in die freie Natur. Die Zucht wird fortgesetzt.

BUCKELWAL
In den 1960er-Jahren geriet dieser sanfte Riese in den Fokus der Walfangindustrie. Die Population sank auf etwa 5000, erholte sich aber nach dem Verbot des kommerziellen Walfangs 1986. Inzwischen gibt es weltweit über 100 000 Individuen, die aber weiterhin von Schiffskollisionen, Habitatzerstörung und anderen menschengemachten Problemen betroffen sind.

BEULENKROKODIL

KALIFORNISCHER KONDOR

1970   1975   1980   1985

POTENTILLA ROBBINSIANA

Diese Art, ein kleines, mehrjähriges Fingerkraut mit gelben Blüten, kommt nur oberhalb der Baumgrenze der White Mountains in New Hampshire (USA) vor. Aufgrund des Wandertourismus musste man die Art auf die Rote Liste setzen, denn der Bestand zählte weniger als 4000 Pflanzen. Inzwischen hat er sich mehr als verdreifacht, auch, da man die Wanderwege entsprechend verlegt hat.

KLEINE MEXIKANISCHE BLÜTENFLEDERMAUS

INFLECTARIUS MAGAZINENSIS (Schnecke)

NERODIA SIPEDON INSULARUM

(Siegelring-Schwimmnatter)

STELLERSCHER SEELÖWE

Die Überfischung der Hauptnahrung dieses Meeressäugers – Köhler und Hering – führte zu seiner Dezimierung in den Gewässern Alaskas. Die Populationen nahmen seit den 1970er-Jahren um 75 % ab. Durch die Kontrolle der Fischbestände und nachdem die Fangschiffe die Brutplätze mieden, besserte sich die Lage.

UROCYON LITTORALIS SANTACRUZAE

(Insel-Graufuchs)

1995   2000   2005   2010   2015   2020

NEUER AUFSCHWUNG

Der Kalifornische Kondor, ein Geier mit unbefieder-
tem Kopf, ist der größte Landvogel Nordamerikas. Vor
nicht allzu langer Zeit brach der Bestand dramatisch
ein, und die Art galt in freier Wildbahn als ausgestorben. Naturschützern ist es jedoch gelungen, ihn
vor dem Untergang zu retten.

LANGWIERIGE ERHOLUNG

Da frei lebende Kondore noch
heute an Bleivergiftung leiden,
werden sie regelmäßig eingefan-
gen und mit einem Entgiftungs-
mittel behandelt. Daher befinden
sich zu jedem Zeitpunkt etwa
10 % der Wildpopulation in
Behandlung.

Die wunderbare Rückkehr des Kalifornischen Kondors

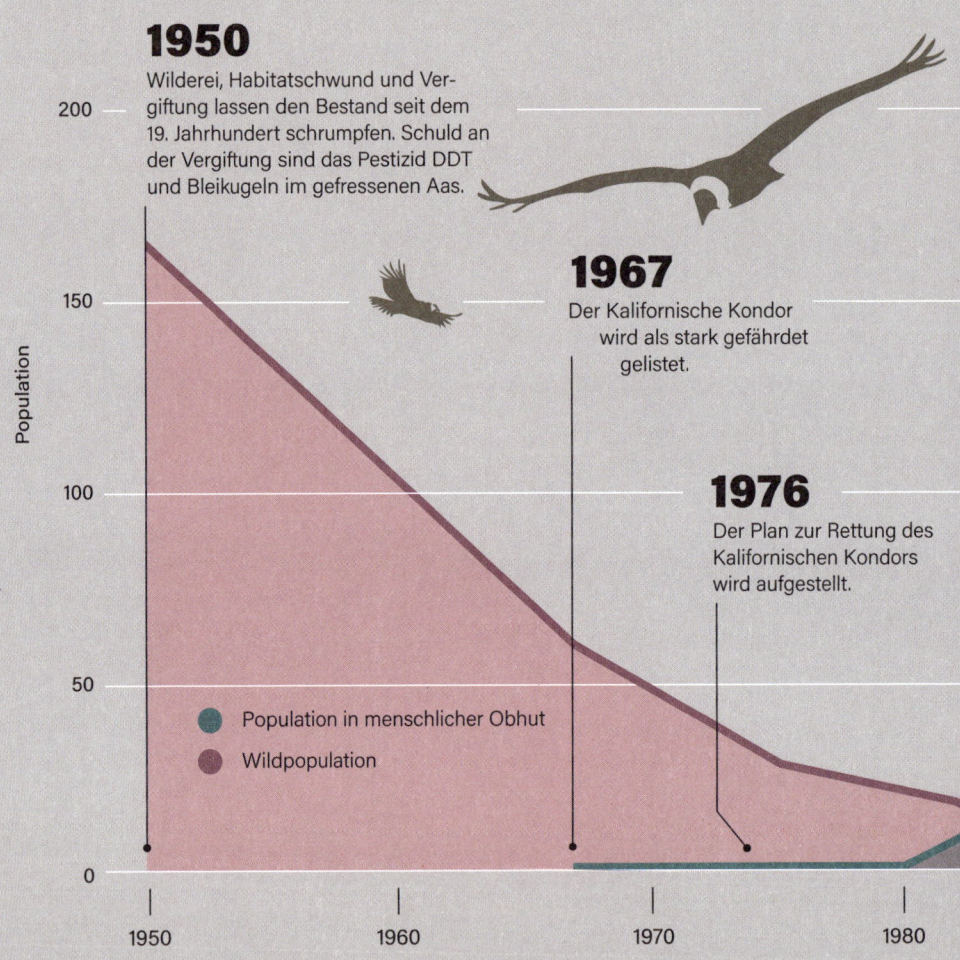

1950
Wilderei, Habitatschwund und Vergiftung lassen den Bestand seit dem
19. Jahrhundert schrumpfen. Schuld an
der Vergiftung sind das Pestizid DDT
und Bleikugeln im gefressenen Aas.

1967
Der Kalifornische Kondor
wird als stark gefährdet
gelistet.

1976
Der Plan zur Rettung des
Kalifornischen Kondors
wird aufgestellt.

Population

250

200

150

100

50

0

● Population in menschlicher Obhut
● Wildpopulation

1950   1960   1970   1980

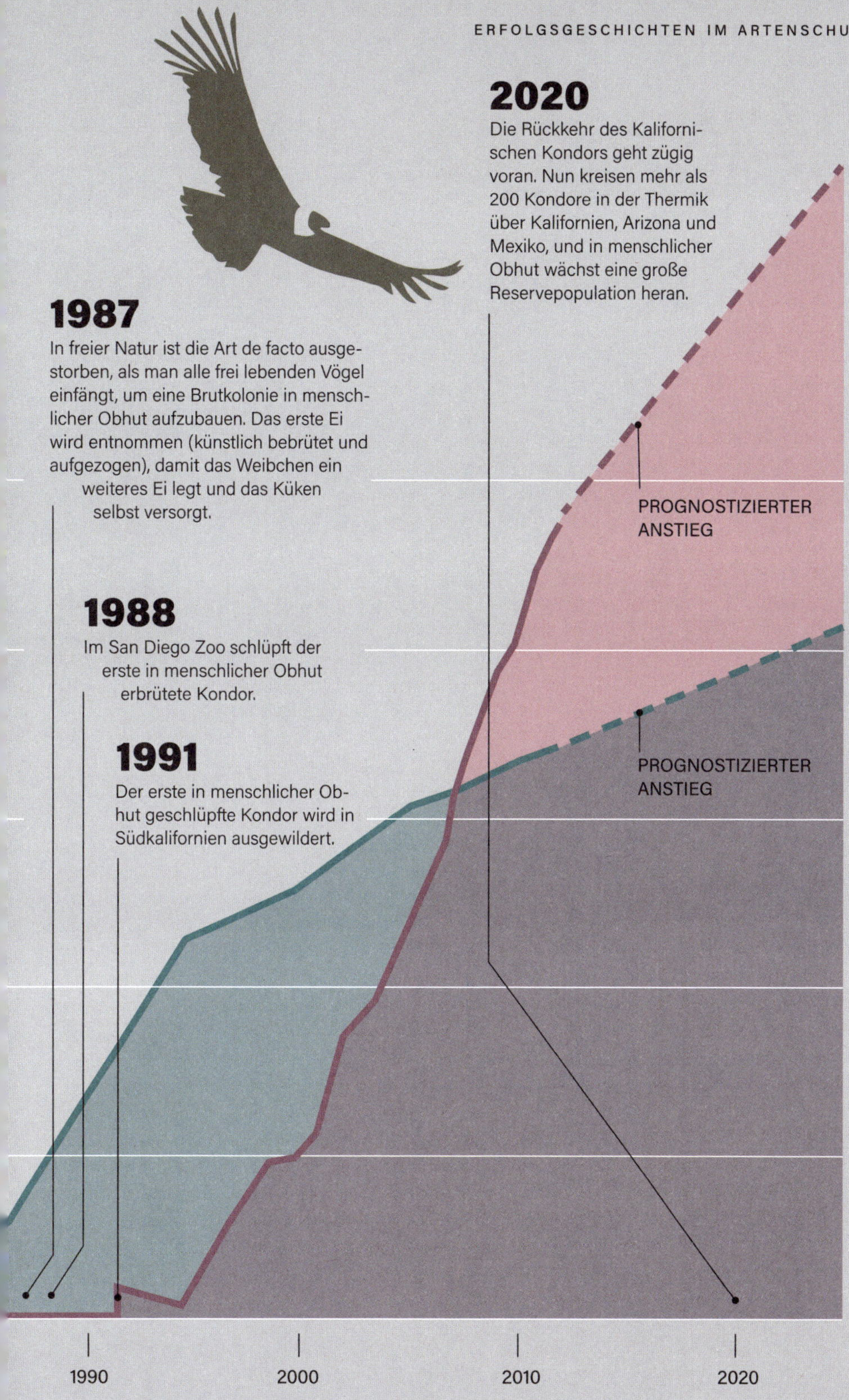

2020

Die Rückkehr des Kalifornischen Kondors geht zügig
voran. Nun kreisen mehr als
200 Kondore in der Thermik
über Kalifornien, Arizona und
Mexiko, und in menschlicher
Obhut wächst eine große
Reservepopulation heran.

1987

In freier Natur ist die Art de facto ausgestorben, als man alle frei lebenden Vögel
einfängt, um eine Brutkolonie in menschlicher Obhut aufzubauen. Das erste Ei
wird entnommen (künstlich bebrütet und
aufgezogen), damit das Weibchen ein
weiteres Ei legt und das Küken
selbst versorgt.

PROGNOSTIZIERTER
ANSTIEG

1988

Im San Diego Zoo schlüpft der
erste in menschlicher Obhut
erbrütete Kondor.

1991

Der erste in menschlicher Obhut geschlüpfte Kondor wird in
Südkalifornien ausgewildert.

PROGNOSTIZIERTER
ANSTIEG

1990   2000   2010   2020

3
LEBENS-SPANNEN

EINLEITUNG

Creme Puff, eine Hauskatze aus Austin, Texas, erstaunte nicht nur ihren Besitzer Jake Perry: Sie führte ein erfülltes, aktives Katzenleben und ernährte sich vielseitig, so verspeiste sie Katzenfutter, Brokkoli, Eier, Speck und auch Kaffee mit Sahne. Alle paar Tage trank sie zudem ein Schlückchen Rotwein, der nach Ansicht ihres Besitzers ihre Arterien fit hielt und mit für ihr langes Leben verantwortlich war. Creme Puff starb im Alter von 38 Jahren.

Ein respektables Alter für eine Katze; es gibt allerdings viele Lebewesen, die unsere Erwartungen, was Langlebigkeit und Überleben angeht, regelmäßig übertreffen. Niemand weiß genau, wie sie das schaffen, doch genetische Ausstattung, Umwelt und Lebensweise tragen alle dazu bei. Das älteste Einzelbaum-Exemplar ist eine 5000 Jahre alte Westliche Grannen-Kiefer, und eine Kolonie, die aus einem Klon männlicher Nordamerikanischer Zitterpappeln besteht, ist sogar mehrere Zehntausend Jahre alt. Der nachweislich langlebigste Mensch war eine Französin, die mit 122 Jahren starb; Grönlandwale erreichen sogar regelmäßig ein Alter von 100 Jahren oder mehr.

Am anderen Ende des Extrems stehen Eintagsfliegen, die als flugfähiges (adultes) Insekt nur einen einzigen Tag existieren, bevor sie sterben. Die Müller-Sunda-Riesenratte aus Südostasien zählt zu den Säugern mit der kürzesten Lebensspanne und erreicht nur ein Alter von 6 bis 12 Monaten. Wie es scheint, holt der Tod holt uns irgendwann alle ein, doch einige Organismen haben Methoden entwickelt, um das Ende hinauszuschieben.

Bei manchen Pflanzen, Tieren und Mikroorganismen kommt es zur Dormanz, einer Strategie, um ungünstige Bedingungen im «Ruhezustand» zu überleben und dann wieder durchzustarten. Falls es auf das Warten nicht ankommt, kann die Lebensspanne dadurch um Jahrtausende verlängert werden. So konnten Pflanzensamen nach mehreren Zehntausend Jahren «wiederbelebt» werden, und im Permafrost der Arktis tauchen immer wieder Beispiele für vielzellige Lebewesen auf, die bei Tiefsttemperaturen fast erfroren wären, nach dem Auftauen jedoch weiterleben konnten.

Der älteste (bekannte) Baum der Welt ist eine Westliche Grannen-Kiefer namens Methuselah, sie wächst in einem Waldgebiet der White Mountains in Kalifornien.

WIE ALT?

Die durchschnittliche Lebenserwartung eines Menschen liegt bei 73 Jahren, auch wenn viele von uns ein weit höheres Lebensalter erreichen werden. Verglichen mit manchen Organismen, die Hunderte oder sogar Tausende Jahre alt werden können, ist das jedoch gar nichts.

Die Lebensspanne, auch Lebensdauer genannt, wird durch zahlreiche Faktoren bestimmt. Die Genetik spielt eine Rolle, ebenso wie die Umwelt. Einige der langlebigsten Tiere, wie Glasschwämme und Röhrenwürmer, sind in kalten Tiefengewässern heimisch, sind sessil und haben niedrige Stoffwechselraten. Dieser reduzierte Stoffwechsel kann auch den Alterungsprozess verlangsamen und zu einer längeren Lebensdauer führen.

Auch die Körpergröße ist wichtig. So leben Elefanten tendenziell länger als Mäuse, die ihrerseits häufig länger als Fliegen leben. Kleinere Tiere werden, verglichen mit größeren, öfter zur Beute von Prädatoren, sodass im Lauf der Zeit häufig eine Entwicklung zu schnellerem Wachstum, Fortpflanzung und Tod einsetzt. Größere Tiere können sich besser gegen Fressfeinde wehren und sich daher Zeit lassen, bis sie erwachsen werden und sich dann im Lauf ihres Lebens viele Male fortpflanzen.

Lebensspanne verschiedener Lebewesen

2450 Jahre

507 Jahre

392 Jahre

GRÖNLANDHAI
Langlebigstes Wirbeltier. Er wurde kurz gefangen, um sein Alter aus seiner Körperlänge und Wachstumsrate zu bestimmen, und anschließend wieder freigelassen.

MAXIMALE LEBENSSPANNE

Millionen von Jahren

15 000 Jahre

Tausende von Jahren

ENDOLITHEN
Mikroorganismen, also Bakterien, Kleinstpilze, -algen usw., die im Inneren von Gesteinen leben. Viele Endolithen nutzen anorganische Verbindungen als Energie- und Nahrungsquelle. Dadurch können sie an extremen Standorten überleben, beispielsweise in Tiefseegesteinen oder der Wüste Gobi. Die Zellteilung erfolgt manchmal in Zeitdimensionen von Hunderten oder Tausenden Jahren. Möglicherweise sind einige noch lebende Endolithen Millionen von Jahren alt.

GLASSCHWAMM
Glasschwämme sind sessile Meeresbewohner, sie sind die langlebigsten vielzelligen Tiere der Erde.

«PANKE-BAOBAB»
Älteste bekannte Blütenpflanze, ein Affenbrotbaum (Baobab) in Simbabwe, der 2011 abstarb.

RÖHRENWURM
Der Röhrenwurm *Escarpia laminata* lebt an kalten Tiefseequellen. Einzelne Tiere werden regelmäßig ein paar Hundert Jahre alt, manche leben vermutlich sogar über Jahrtausende.

ISLANDMUSCHEL
Die älteste bekannte Islandmuschel wurde 2006 vor der Küste Islands gesammelt. Ihr Alter wurde durch Auszählen der jährlichen Zuwachsstreifen auf der Schale geschätzt.

MAXIMALE
LEBENSSPANNE

211 Jahre

200 Jahre

140 Jahre

122 Jahre

GRÖNLANDWAL
Ältestes bekanntes
Säugetier.

ROTER SEEIGEL
Dieser kleine Stachelhäuter
lebt in flachen, tieferen
Küstengewässern und
kann bis zu 200 Jahre alt
werden. Er zeigt wenig
Alterungszeichen und kann
sich bis zum Lebensende
fortpflanzen.

MENSCH
Die Französin Jeanne Calment zählt zu den
ältesten Menschen, die je gelebt haben. Sie
kam 1875 zur Welt und starb 1997 im Alter von
122 Jahren.

HUMMER
George, der älteste be-
kannte Hummer, wurde
2008 vor der Küste Neu-
fundlands gefangen. Er
lebte kurzzeitig in einem
New Yorker Fischres-
taurant, bis Tierschützer
sich für seine Freilassung
einsetzen und ihn vor der
Küste von Maine in einem
Gebiet auswilderten, in
dem Hummerfang ver-
boten ist. Man hatte aus
seinem Gewicht von 9,1 kg
auf sein Alter geschlossen.

GROTTENOLM
Unter den Amphibien sind die Grottenolme am
langlebigsten. Sie leben in Höhlengewässern der
Dinarischen Alpen, haben einen zarten, hellen
Körper mit winzigen Armen und Beinen, jedoch
keine Augen und zeitlebens Kiemenbüschel. Die
ungewöhnliche Langlebigkeit führen Forscher
auf den stark verlangsamten Stoffwechsel und
auf den weitgehend prädatorenfreien Lebensraum zurück.

ASIATISCHER ELEFANT
Mit 89 Jahren war Dakshayani, eine Asiatische
Elefantenkuh, die langlebigste ihrer Art. In
freier Wildbahn werden Asiatische Elefanten
rund 50 Jahre alt, doch in menschlicher Obhut
können sie deutlich älter werden – so wie Dakshayani, die in einem indischen Tempel lebte.

Lebensspanne verschiedener Lebewesen

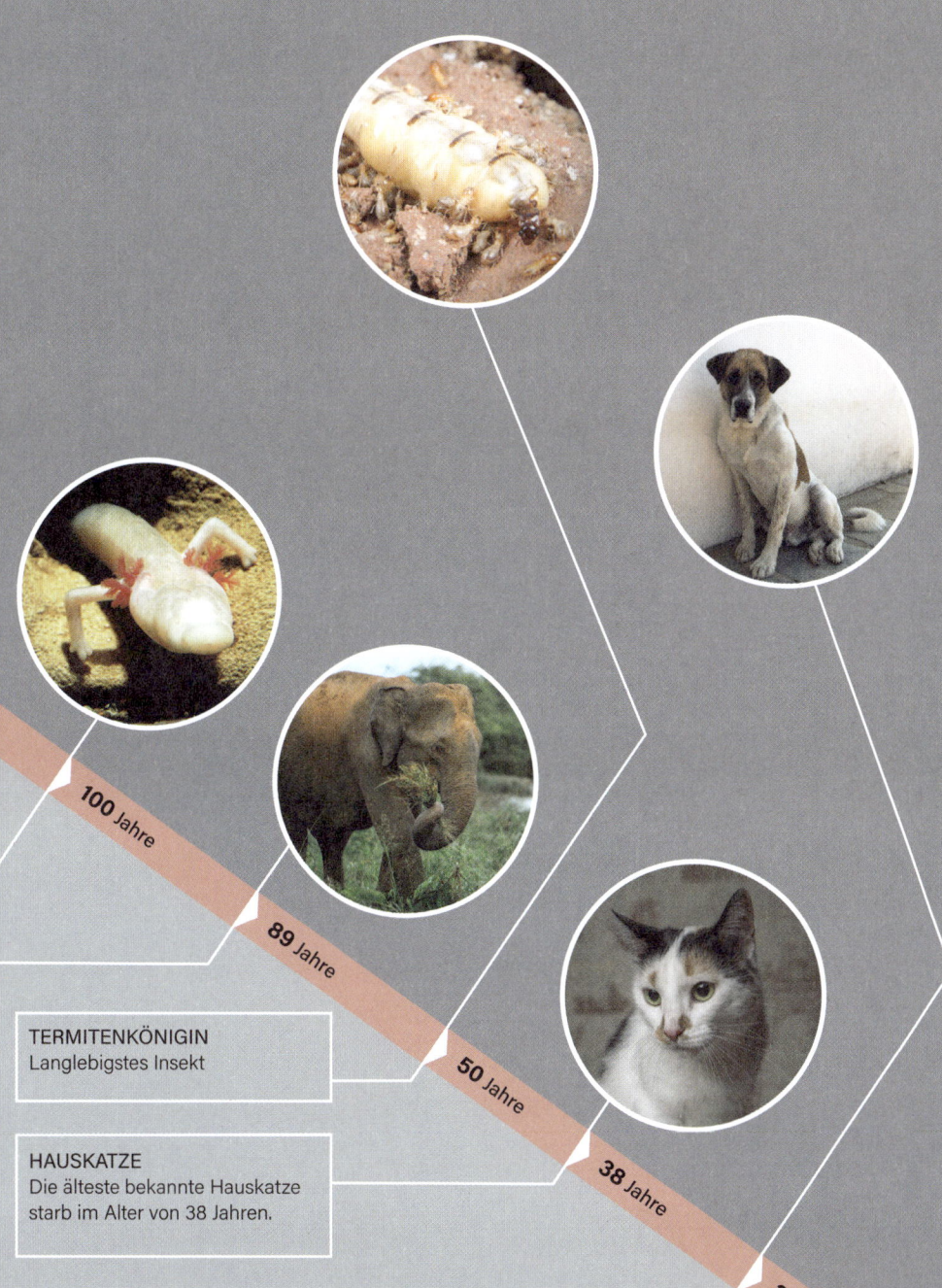

100 Jahre

89 Jahre

TERMITENKÖNIGIN
Langlebigstes Insekt

50 Jahre

HAUSKATZE
Die älteste bekannte Hauskatze
starb im Alter von 38 Jahren.

38 Jahre

HUND
Der älteste bekannte Hund ist
ein Rafeiro-do-Alentejo-Rüde.
Die Rasse ist hier abgebildet.

30 Jahre

KLONKOLONIEN

Einige Arten können sich asexuell fortpflanzen, das heißt ohne sexuellen Kontakt. Ihre Nachkommen sind daher genetisch identisch – sowohl mit ihrem Elternorganismus als auch mit ihren Geschwistern – und bilden einen Klon. Diese Klone können gelegentlich große Kolonien mit Millionen von Individuen bilden, die dicht an dicht im selben geografischen Gebiet leben.

Manche Pflanzenarten bilden Klonkolonien (Genets); das Einzelindividuum eines Genets wird als Ramet bezeichnet. Bei Pilzen sind die Klonkolonien unterirdisch durch ein wurzelähnliches «Geflecht», das Myzel, verbunden. Die «Fruchtkörper» (das, was wir als Pilz verspeisen) können zwar relativ kurzlebig sein, doch die zugehörigen Kolonien können über immense Zeitspannen existieren. Tatsächlich zählen sie zu den ältesten bekannten Organismen der Erde.

Weltkarte der ältesten Klonkolonien

2000–8500 Jahre alt
Armillaria ostoyae im Malheur National Forest in Oregon (USA). Diese 9 km² große Kolonie des Dunklen Hallimasch gilt als größter Pilz der Erde.

10 000–80 000 Jahre alt
Amerikanische Zitterpappel im Fishlake National Forest in Utah (USA): ein Klon namens Pando (Latein: ich breite mich aus), bestehend aus 47 000 männlichen Bäumen mit einem einzigen gemeinsamen Wurzelsystem. Mithilfe von DNA-Untersuchungen an über 200 Bäumen ließ sich bestätigen, dass es sich wirklich um eine Klonkolonie handelt. Sie erstreckt sich über 0,5 km² und wiegt etwa 6 000 000 kg.

13 000 Jahre alt
«Jurupa-Eiche» in den Jurupa Mountains in Kalifornien (USA). Diese Baumkolonie benötigt zum Wachsen Buschfeuer, denn sie kann nur danach neu austreiben: aus den verkohlten Ästen!

12 000–100 000 Jahre alt
Neptungras im Mittelmeer in der Nähe der Insel Ibiza. Erst 2006 entdeckte man diese 8 km breite Seegraswiese; sie gilt als eine der ältesten Klonkolonien der Erde. Sie ist ein wichtiges Ökosystem, auch deshalb, weil eine Seegraswiese jährlich 15-mal mehr Kohlendioxid fixiert als eine vergleichbare Fläche im Amazonas-Regenwald.

9550 Jahre alt
Gewöhnliche Fichte im Nationalpark Fulufjället (Schweden). Old Tjikko ist ein individueller Klonbaum, der im Lauf der Jahrtausende neue Stämme, Äste und Wurzeln gebildet hat. Der derzeitige Stamm ist nur ein paar Hundert Jahre alt und 5 m hoch.

3000–13 000 Jahre alt
«Mongarlowe Mallee» (eine vom Aussterben bedrohte Eukalyptus-Art) in New South Wales (Australien). Ein Strauch mit glatter Rinde, weißen Blüten und halbkugelförmigen Früchten.

43 600–135 000 Jahre alt
Lomatia tasmanica, eine vom Aussterben bedrohte Art im Southwest National Park in Tasmanien (Australien). In freier Natur ist nur eine einzige Kolonie bekannt, sie umfasst etwa 600 Individuen.

LEBEN AUF DER ÜBERHOLSPUR

Es heißt, das Leben sei kurz; für viele Arten trifft das tatsächlich zu, und sie sollten sich besser nicht zu viel in ihrem Leben vornehmen. Bei etlichen Tieren ist das gesamte Leben auf wenige kurze Monate oder Wochen komprimiert. Kaum verwunderlich, dass Insekten tendenziell die kürzeste Lebensdauer haben, doch auch einige Wirbeltiere sind kurzlebig. So zählt die Müller-Sunda-Riesenratte aus Südostasien mit einer Lebensspanne von nur 6 bis 12 Monaten zu den kurzlebigsten Säugern überhaupt.

Bei manchen Tieren, darunter Insekten und Fische, neigen wir aber auch dazu, ihre Lebensspanne für viel kürzer zu halten, als es tatsächlich der Fall ist. Das kurze Leben (24 Stunden) der Eintagsfliege ist sprichwörtlich, doch das betrifft nur das Erwachsenenstadium ihres Lebenszyklus. Das Leben einer Eintagsfliege besteht aus verschiedenen Entwicklungsstadien und dauert insgesamt einige Monate, ein Jahr oder länger.

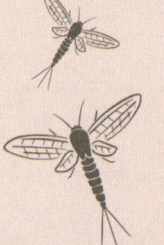

Der Lebenszyklus der Eintagsfliege

GESAMT-LEBENSSPANNE: 1–2 Jahre
VERBREITUNG: über 3000 Arten weltweit

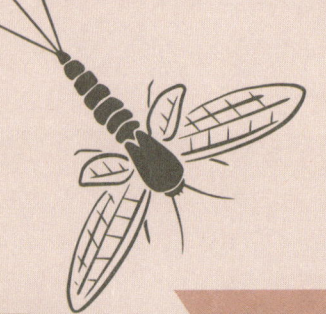

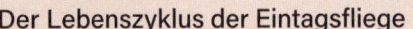

| EISTADIUM | LARVENSTADIUM |

ZEITSPANNE: **wenige Tage bis Wochen**
Die Eier werden aufs Wasser gelegt, sinken zu Boden und haften an Pflanzen und Steinen.

ZEITSPANNE: **wenige Monate bis Jahre**
Die Larven (Nymphen) durchlaufen während des Wachstums viele Häutungen. Sie ernähren sich von Algen und Detritus.

ZEITSPANNE: **Minuten bis Tage**
Die Umwandlung zum erwachsenen Insekt
(Imago) ist abgeschlossen. Die Eintagsfliegen
einer bestimmten Population schlüpfen gleichzeitig, meist abends, und fliegen in Massen-
schwärmen über das Wasser. Die Imagines
tragen lange Hinterleibsfäden und zarte, deutlich geäderte, große Flügel. Sie nehmen keine
Nahrung mehr zu sich, sondern sind auf die
Fortpflanzung fixiert. Die schwärmenden Männchen ergreifen mit ihren langen Vorderbeinen
die frisch geschlüpften Weibchen, und es kommt
im Flug zur raschen, nur Sekunden dauernden
Paarung. Die Weibchen suchen zur Eiablage Gewässer auf, und innerhalb weniger Tage sind alle
Imagines tot. *Dolania americana* hat die kürzeste
Lebensspanne unter den Eintagsfliegen: Adulte
Weibchen überleben weniger als 5 Minuten.

ERWACHSENENSTADIUM

SUBIMAGO-STADIUM

ZEITSPANNE: **wenige Minuten bis Tage**
Die Larve schwimmt zur Wasseroberfläche und häutet sich dort zur ge-
flügelten Subimago. Diese sucht einen
geschützten Platz für ihre letzte Häutung.
Eintagsfliegen sind übrigens die einzigen
Insekten, die sich als geflügelte Tiere
nochmals häuten.

Der Lebenszyklus der Honigbiene

GESAMT-LEBENSSPANNE: **6 Wochen bis 2 Jahre**
VERBREITUNG: **11 Arten in Eurasien**

Honigbienen durchlaufen vier verschiedene Entwicklungsstadien: Ei, Larve, Puppe und erwachsenes Insekt (Imago). Die jeweiligen Entwicklungsstadien bzw. Lebensspannen sind unterschiedlich lang, je nachdem, welche Rolle das erwachsene Insekt im Bienenstock spielt und zu welcher Jahreszeit es schlüpft. Königinnen benötigen beispielsweise für die Entwicklung vom Ei zur Imago 15–16 Tage. Bei Arbeiterinnen dauert sie 21, bei Drohnen 24 Tage.

Adulte Bienenköniginnen leben normalerweise 1–2 Jahre. Adulte Arbeiterbienen leben im Sommer 15–38, im Herbst 30–60 und im Winter 150–200 Tage. Man vermutet, dass diese Unterschiede sowohl auf die wechselnde Arbeitslast als auch die Nahrungsverfügbarkeit zurückgehen. Adulte Drohnen (Männchen) leben dagegen im Frühling wie auch im Sommer etwa 21–32 Tage und entwickeln sich nur zu diesen Jahreszeiten.

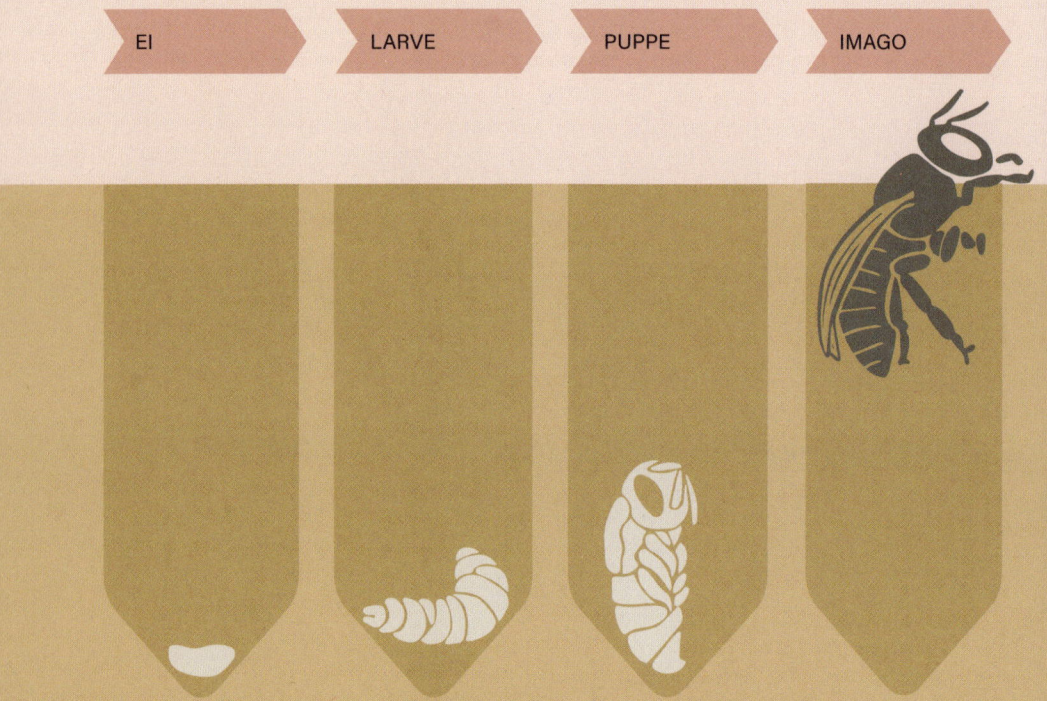

EI   LARVE   PUPPE   IMAGO

LABORDS CHAMÄLEON

GESAMT-LEBENSSPANNE: **1 Jahr**
VERBREITUNG: **Madagaskar**

Dieses ungewöhnliche Reptil verbringt einen größeren Teil seines kurzen einjährigen Lebens im Ei (8 Monate) als außerhalb (4 Monate): Die Eier überdauern die Trockenzeit, und die Jungtiere schlüpfen zu Beginn der Regenzeit. Wenn die neue Generation der Jungtiere perfekt synchronisiert schlüpft, ist die Generation der Elterntiere längst Vergangenheit. Die Entwicklung der Jungtiere bis zur Geschlechtsreife dauert dann weniger als 2 Monate.

KORALLENGRUNDEL

GESAMT-LEBENSSPANNE: **8 Wochen**
VERBREITUNG: **Indopazifik**

Die kleine Korallengrundel (*Eviota sigillata*) besitzt die kürzeste (zumindest bekannte) Lebensspanne aller Wirbeltiere. Sie verbringt als winzige Fischlarve 3 Wochen im offenen Meer, siedelt sich dann in einem Korallenriff an und ist nach 1–2 Wochen bereits geschlechtsreif. Die erwachsenen Fischchen leben 3–4 Wochen; in dieser Zeit können die Weibchen bis zu 3 Gelege produzieren, jeweils mit Hunderten von Eiern.

DAS ELIXIER DES LEBENS

Wenn wir unter der ultimativen Lebensspanne ein unendlich andauerndes
Leben verstehen, ohne jemals zu altern, dann hat *Turritopsis dohrnii* dieses
Ziel möglicherweise erreicht. Dieses höchstens 0,5 cm große Nesseltier,
etwas ungenau als «unsterbliche Qualle» bezeichnet, lebt räuberisch in
warmen Meeren weltweit. Wenn die «Meduse» (das Erwachsenenstadium)
altert, verletzt oder gestresst wird, wandelt sie sich in ein früheres Entwick-
lungsstadium, einen «Polypen», um und wächst weiter – fast als ob immer
wieder eine «Rückspultaste» des Lebens gedrückt würde. Zumindest
theoretisch ist *Turritopsis dohrnii* also unsterblich. Tatsächlich werden
die Quallen jedoch häufig gefressen. Doch *Turritopsis dohrnii* ist nicht die
einzige Qualle, die den Tod «austricksen» kann.

Der Lebenszyklus von *Turritopsis dohrnii* – der «unsterblichen Qualle»

REGULÄRER LEBENSZYKLUS

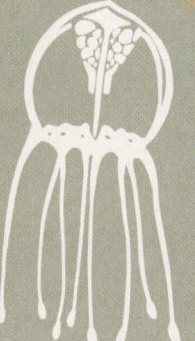

JUNGE MEDUSE
Erwachsene
«Qualle» mit
8 Tentakeln

ERWACHSENE MEDUSE
Es dauert einige Wochen, bis
sich die Meduse zum vollen
Adultstadium mit 16 Tentakeln
oder mehr entwickelt.

KNOSPEN
Es bilden sich Knospen,
die sich ablösen und zu
winzigen Adultformen
(den Medusen) entwickeln.

ENTDECKUNG
Turritopsis dohrnii
wurde zuerst 1883 be-
schrieben, und zwar im
Mittelmeer; erst 100 Jahre
später fand man heraus,
dass sie das Geheimnis
der Unsterblichkeit
gelöst hatte.

POLYP
Stielförmig, oben mit
einer Mundöffnung, die
von Tentakeln gesäumt ist.

Mindestens fünf weitere Quallenarten besitzen nachweislich regenerative Fähigkeiten, darunter auch die in allen Weltmeeren verbreitete Ohrenqualle: Sie kann, falls nötig, nicht nur verletzte oder zerstörte Körperteile reparieren, sondern absterbende Quallen können auch lebende Polypen bilden, die dann weiterleben können.

FORTPFLANZUNG

Quallen können sich sexuell und asexuell fortpflanzen. Bei Polypen geschieht dies asexuell durch Knospung, bei Medusen dagegen sexuell durch Freisetzung von Ei- und Spermazellen.

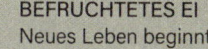 **WIE *TURRITOPSIS* DEN TOD AUSTRICKST**

VERLETZTE ODER STERBENDE MEDUSE
Schirm und Tentakel werden abgebaut, und die (inzwischen) formlose Qualle sinkt zu Boden.

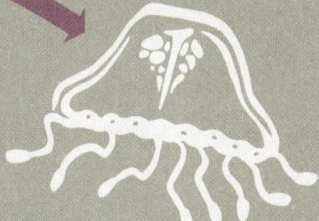

BEFRUCHTETES EI
Neues Leben beginnt.

PLANULALARVE
Eine winzige, bewegliche, bohnenförmige Larve

EIN NEUER POLYP WIRD GEBILDET
Das Leben geht weiter.

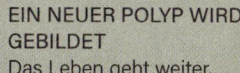

TROPFENFÖRMIGER KEIM
Scheinbar inaktiver Zellhaufen, in dem tatsächlich höchste Aktivität herrscht. Spezialisierte, reife Zellen werden in einer sogenannten Transdifferenzierung in neue Zelltypen umgewandelt.

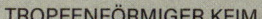

UNGEWÖHNLICHE LEBENSZYKLEN

Einige Lebenszyklen sind nicht wegen ihrer langen oder kurzen Dauer außergewöhnlich, sondern weil dazu auch dramatische Ereignisse und Verwandlungen gehören. Eier, die sich zu Kaulquappen umwandeln und anschließend zu Fröschen werden, sind uns vertraut, genau wie die Entwicklungszyklen von Tag- und Nachtfaltern. Doch es gibt auch bizarre Lebenszyklen im Tierreich: Vom Tier, das bereits trächtig geboren wird, bis zur Raupe mit eigenen Leibwächtern – die Natur schafft es immer wieder, uns zu überraschen!

Der Lebenszyklus einer Flussperlmuschel

GESAMT-LEBENSSPANNE: 150 Jahre
VERBREITUNG: Nordhalbkugel

Die Flussperlmuschel gilt weltweit als gefährdet, in Deutschland vom Aussterben bedroht. Ihr ungewöhnlicher Lebenszyklus umfasst ein frei lebendes Stadium und ein parasitisches, Letzteres verbringt sie in den Kiemen bestimmter Jungfische.

1-2 Tage   **9** Monate

BEFRUCHTUNG
Die Männchen geben Sperma ins Wasser ab. Die Weibchen nehmen so viel wie möglich auf, und es erfolgt eine innere Befruchtung. Aus den Eiern entwickeln sich winzige Larven, die Glochidien. Sie sehen wie Miniaturmuscheln aus.

FREISETZUNG
Irgendwann zwischen Juli und September stoßen die weiblichen Muscheln Millionen von Glochidien aus – das geschieht in einer Population immer gleichzeitig.

PARASITISCHES STADIUM
Die meisten Glochidien werden verdriftet oder von Fischen gefressen, doch einige gelangen in die Kiemen junger Bachforellen oder Lachse und verankern sich dort. Die Fische bieten den sich entwickelnden Larven sauerstoffreiches Wasser, Nahrung und eine «Mitfahrgelegenheit» zu neuen Flussabschnitten.

INDIKATOR-ORGANISMEN

Flussperlmuscheln verraten uns als Indikatororganismen viel über den Zustand der Flüsse. Ihre Filtriertätigkeit reinigt das Wasser, in dem sie leben, und trägt so zur Sauberhaltung von Bächen und Flüssen bei. Allerdings tolerieren sie nur eine gewisse Verschmutzung; wenn sich die Wasserqualität zu sehr verschlechtert, sterben sie ab. Im Lauf der letzten 100 Jahre sind die europäischen Populationen um 90 % zurückgegangen.

5 Jahre

15–150 Jahre

AM GEWÄSSERGRUND

Im Mai bis Juni des Folgejahres lassen die Jungmuscheln sich aus den Fischkiemen ins Flussbett fallen. Sie vergraben sich tief im Sand- oder Kiesgrund, wachsen dort jahrelang weiter und kommen erst mit etwa 1 cm Größe wieder zum Vorschein.

LEBEN IM FLUSSBETT

Nach und nach ragt der obere Teil der Muscheln über den Gewässergrund hinaus. Adulte Muscheln wachsen extrem langsam. Sie sind Filtrierer und nehmen organische Schwebstoffe, wie Bakterien und Algen, als Nahrung aus dem Wasser auf. Mit 15 Jahren werden die Muscheln geschlechtsreif; in ungestörter Umgebung können sie über 100 Jahre alt werden.

Der Lebenszyklus eines Silbergrünen Bläulings

GESAMT-LEBENSSPANNE: 1 Jahr
VERBREITUNG: Teile der Nordhalbkugel

Ei – Raupe – Puppe – Falter: Dieser für Schmetterlinge klassische Lebenszyklus (Metamorphose) ist uns vertraut, doch beim Silbergrünen Bläuling kommt eine Besonderheit hinzu, denn das Insekt verbringt etwa ein Drittel seiner Lebenszeit mit Ameisen als «Leibwächtern».

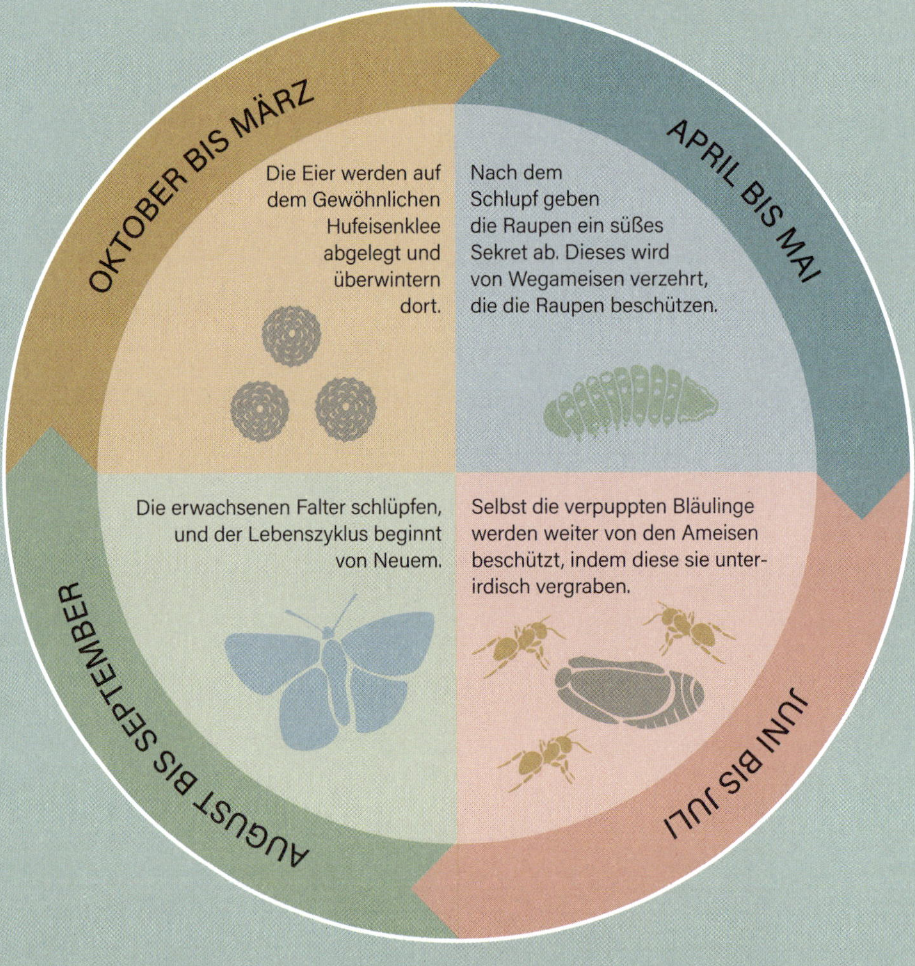

OKTOBER BIS MÄRZ

Die Eier werden auf dem Gewöhnlichen Hufeisenklee abgelegt und überwintern dort.

APRIL BIS MAI

Nach dem Schlupf geben die Raupen ein süßes Sekret ab. Dieses wird von Wegameisen verzehrt, die die Raupen beschützen.

AUGUST BIS SEPTEMBER

Die erwachsenen Falter schlüpfen, und der Lebenszyklus beginnt von Neuem.

JUNI BIS JULI

Selbst die verpuppten Bläulinge werden weiter von den Ameisen beschützt, indem diese sie unterirdisch vergraben.

ADACTYLIDIUM-MILBE

GESAMT-LEBENSSPANNE: wenige Stunden bis Tage
VERBREITUNG: Europa, Afrika, Nord- und Südamerika

Fast wie eine Puppe-in-der-Puppe enthält diese
kleine Milbe bereits bei der Geburt die nächste
Generation, sie wird also trächtig geboren. Jede
Milbe trägt 5–8 weibliche Milbenlarven sowie
ein Männchen in sich. Dieses paart sich noch im
Mutterleib mit den Weibchen. Anschließend fressen die Larven das Muttertier von innen auf und
schlüpfen – die Weibchen bereits schwanger. So
kann der bizarre Lebenszyklus von Neuem beginnen.
Die jungen Weibchen gehen auf Nahrungssuche –
bereits nach 4 Tagen fressen ihre Nachkommen sie
von innen aus auf. Die Männchen sterben schon
wenige Stunden nach dem Schlüpfen.

RAORCHESTES CHALAZODES

GESAMT-LEBENSSPANNE: unklar
VERBREITUNG: Südindien

Frösche entwickeln sich normalerweise aus Kaulquappen, die aus
Eiern geschlüpft sind – aber nicht
immer. Denn ein kleiner, im Verborgenen lebender Frosch namens
Raorchestes chalazodes (Familie
Ruderfrösche) macht es anders:
Männchen und Weibchen paaren sich nicht in Gewässernähe,
sondern im Inneren von Bambus-
halmen. Das Weibchen legt 5–8 Eier
und überlässt dem Männchen die
Brutfürsorge. Aus den Eiern schlüpfen
direkt fertige Jungfrösche, das Kaulquap-
penstadium wird übersprungen!

    Raorchestes chalazodes wurde bereits 1874
in Kerala (Südindien) entdeckt, danach aber nicht
wieder gesichtet und erst 2010 wiedergefunden.
Die Art ist selten und vom Aussterben bedroht.

IM BESTEN ALTER

Es ist für Insekten nicht ungewöhnlich, Lebenszyklen von 1 Jahr zu haben, doch bei einigen ist die Lebensspanne länger. Am merkwürdigsten sind vielleicht die «Periodischen Zikaden» (Gattung *Magicicada*) aus dem Osten der USA, die ihre Lebensdauer mit Primzahlen koordinieren, also Zahlen, die nur durch sich selbst und 1 teilbar sind, wie 2, 3, 5, 7, 11, 13 und 17. «Periodische Zikaden» synchronisieren ihren Schlupf in einem 13- oder 17-Jahres-Zyklus.

Warum erscheinen die Imagines dieser Zikaden in Primzahl-Zyklen? Eine Theorie besagt, dass es bei einem Lebenszyklus von 13 bzw. 17 Jahren nur alle 221 Jahre zum gleichzeitigen Auftreten der beiden Typen von «Periodischen Zikaden» kommt. Dies führt also zu weniger Konkurrenz um Ressourcen. Eine andere Theorie konzentriert sich auf den Aspekt der Fressfeinde. Nehmen wir an, die Zikaden hätten einen 12-Jahres-Zyklus und ihre Prädatoren (wie die Grabwespe *Sphecius speciosus*) träten alle zwei Jahre auf – dann könnten sie aufgrund des überlappenden Zyklus viele Zikaden erbeuten, genau wie bei einem 3-, 4- oder 6-Jahres-Zyklus. Ein 13-Jahres-Zyklus würde den Zikaden jedoch einen besseren Schutz vor Prädatoren bieten.

Der Lebenszyklus der «Periodischen Zikade»

GESAMT-LEBENSSPANNE: 13 oder 17 Jahre
VERBREITUNG: östliche USA

UNTER DER ERDE
«Periodische Zikaden» verbringen über 99 % ihrer Lebenszeit unterirdisch. Es gibt mehr als 3000 Zikadenarten, doch nur 7 mit periodischem Lebenszyklus.

ADULTSTADIUM: 4–6 WOCHEN
Die Zikaden schlüpfen synchron von April bis Juni, und zwar massenweise. Sie paaren sich über einen Zehntageszeitraum, danach legen die Weibchen ihre Eier in die Rinde von Holzgewächsen.

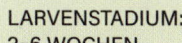

LARVENSTADIUM: 2–6 WOCHEN

Aus den Eiern schlüpfen walzen-
förmige Larven; sie lassen sich
von der Pflanze zu Boden fallen
oder kriechen herunter und
vergraben sich in der Erde.

NYMPHENSTADIUM: 13 ODER 17 JAHRE

Die Larven entwickeln sich zu sogenannten Nymphen (Larven, die dem Adultinsekt bei jeder Häutung
ähnlicher sehen), die an Pflanzenwurzeln saugen.
Sie häuten sich mehrfach und graben sich dabei
immer tiefer ein. Im Schlüpfjahr graben die Nymphen
Röhren zur Oberfläche; wenn die Bodentemperatur
17,9 °C erreicht hat, schlüpfen sie in Massen.

ÜBERWINTERUNG

Manchmal würden wir Menschen die Wintermonate am liebsten gemütlich verschlafen. Viele Tiere tun genau das und verlangsamen Herzrate und Stoffwechsel und senken die Körpertemperatur ab, um Kälteperioden zu überstehen. Diese Hibernation bietet eine Möglichkeit, Energie einzusparen, wenn das Nahrungsangebot knapp ist. Je nach Tierart und Umwelt kann sie Tage, Wochen oder Monate dauern.

Dauer der Überwinterung

GROSSE BRAUNE FLEDERMAUS
VERBREITUNG: Nordamerika, Karibik

Diese Fledermausart überwintert alleine oder in kleinen Gruppen und wählt als Überwinterungsort Höhlen, Minen oder nicht zu kalte Gebäude. In freier Natur dauert der Winterschlaf rund 2 Monate; ein Individuum in menschlicher Obhut schlief allerdings 344 Tage lang – fast ein ganzes Jahr!

BRAUNBÄR
VERBREITUNG: Eurasien und Nordamerika

Bären fressen sich im Herbst einen «Wanst» an, die meisten verbringen den Winter in ihrem Bau. Währenddessen wird Stickstoff, der beim Abbau von Proteinen frei wird, recycelt und erneut in Proteine eingebaut, sodass es weder zum Muskelschwund noch zur Vergiftung durch Abbauprodukte kommt. Oft werfen die Bärinnen bereits während der Winterruhe und säugen die Jungen im Bau.

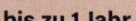 **bis zu 1 Jahr** | **8 Monate** 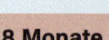 **5–7 Monate**

ALPENMURMELTIER
VERBREITUNG: Europa

Vor Winterbeginn polstern diese Nager die Nestkammer ihres Baus mit trockenem Pflanzenmaterial aus. Den Eingang zum Bau versiegeln sie von innen mit einem Gemisch aus Erde und Kot. Während des Winterschlafs sinkt die Herzfrequenz auf 5 Schläge pro Minute, die Atemfrequenz auf 2 Atemzüge pro Minute.

Bei Warmblütern variiert die Dauer der Hibernation: von langen Tiefschlafperioden mit stark herabgesetztem Stoffwechsel (sogenannter Winterschlaf) bis zu kürzeren, von Wachphasen unterbrochenen Perioden der Inaktivität (sogenannte Winterruhe). Als Torpor bezeichnet man einen «Energiesparmodus» bei Warmblütern – eine Körperstarre, die bei Kälte, Hitze oder Trockenheit auftritt. Bei wechselwarmen Tieren spricht man von einer Winter- oder Kältestarre.

«Winterschlaf» klingt nach Gemütlichkeit, kann aber gefährlich sein. Überwinternde Tiere können Opfer von Fressfeinden werden; auch zu geringe Fettreserven, extreme Witterung oder zu frühes Aufwachen können zum Tod führen.

CAROLINA-DOSENSCHILDKRÖTE
VERBREITUNG: USA und Mexiko

Im nördlichen Teil des Verbreitungsgebiets (östliche USA) fallen die Tiere oft in eine Winterstarre; vorher graben sie sich in lockerem Erdreich oder Erdlöchern ein, gelegentlich auch im Gewässerschlamm, zum Beispiel in Bachbetten.

WINTERNACHTSCHWALBE
VERBREITUNG: Nordamerika

Um der kalten Jahreszeit zu entgehen, ziehen viele Vögel in wärmere Gebiete, doch diese nachtaktive Vogelart sucht sich ein Versteck in Steinhaufen und fällt in einen Torpor. Die Winternachtschwalbe ist der einzige bekannte Vogel, der Winterschlaf hält.

5 Monate | Wochen bis Monate | 3 Tage

ZWERGLORI
VERBREITUNG: Südostasien

Es wurde beobachtet, dass Zwergloris in Nordvietnam im Winter in einen Torpor fallen können, um Energie einzusparen.

ÜBERSOMMERUNG

Auch bei warmem Wetter können Tiere in eine Art «Winterschlaf» fallen, man spricht dann von Ästivation oder Übersommerung, und wie bei Winterschlaf reduzieren die Tiere körperliche Aktivitäten und Stoffwechselrate. Dabei geht es darum, extreme Hitze oder Trockenheit zu überstehen. In den wärmeren Regionen der Erde ist Ästivation recht verbreitet, zum Beispiel bei vielen land- und wasserlebenden Tieren, wie Krokodilen, Lemuren und Gehäuseschnecken.

Bei Warmblütern bezeichnet man diesen «Energiesparmodus» als Torpor (siehe Seite 105). Er kann über Wochen, Monate oder Tage andauern, manchmal aber auch weniger als 24 Stunden. So fallen Kolibris in kalten Nächten in einen Torpor. Etwa 40 % der für Australien endemischen Säugetiere, wie Beutelmarder und Gleitbeutler, fallen zu irgendeinem Zeitpunkt ihres Lebens in einen Torpor.

Dauer der Übersommerung

WESTLICHER FETTSCHWANZLEMUR
VERBREITUNG: Madagaskar

Jegliche Form von Überwinterung oder Übersommerung ist bei Primaten selten. Der Westliche Fettschwanzlemur übersommert, während in Madagaskar Trockenzeit herrscht. Das im Schwanz gespeicherte Fett dient als Energiequelle.

7 Monate   5 Monate

SALAMANDERFISCH
VERBREITUNG: Westaustralien

Dieser kleine Fisch aus Westaustralien vergräbt sich im Schlamm, um die Trockenzeit zu überstehen.

SCHLAFENDE SCHNECKEN

Aufgrund ihres weichen, empfindlichen Körpers trocknen Schnecken leicht aus – ein Grund, warum viele Schneckenhäuser tragen (Gehäuseschnecken). In der heißen Jahreszeit fallen manche Landschnecken in einen «Sommerschlaf», um der Austrocknung zu entgehen und Energie zu sparen. Einige verstecken sich unter Pflanzenmaterial oder vergraben sich im Erdreich, andere erklimmen Bäume, Pflanzenstängel oder Zaunpfosten, um kühlere Luftschichten zu erreichen. Sie sezernieren ein Schleimhäutchen, das austrocknet und durch Kalkeinlagerung verstärkt wird, ein sogenanntes Epiphragma.

NILKROKODIL
VERBREITUNG: Afrika

Nilkrokodile überstehen die heiße Trockenzeit in eigens gegrabenen Erdhöhlen.

3–4 Monate   **3 Wochen**

REGENWURM
VERBREITUNG: weltweit

Regenwürmer schützen sich gegen Austrocknen, indem sie sich in tiefen Bodenschichten in eine Höhle zurückziehen, die sie mit Schleim auskleiden. Sie rollen sich zu einem Knoten ein, damit möglichst wenig Körperoberfläche mit dem Erdreich in Kontakt kommt.

ZURÜCK VON DEN TOTEN?

Manche Organismen lassen sich nach ungeheuer langen Perioden der In-
aktivität oder Dormanz wiedererwecken. So konnten Mikroorganismen nach
Millionen von Jahren wieder aktiviert werden, ebenso sehr kleine tierische
Lebewesen wie Nematoden (Fadenwürmer) nach einigen Zehntausend
Jahren. Pflanzensamen können gelegentlich Jahrtausende lang überleben.
Manche Mikroorganismen bleiben auch dann lebensfähig, wenn sie in

Dauer der Dormanz bei Tieren (und einem Riesenvirus)

DAUER DES GEFRORENSEINS

32 000
Jahre

30 000
Jahre

24 000
Jahre

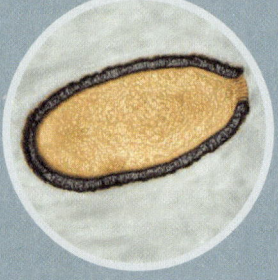

FADENWURM (NEMATODE)
Die kleinen Fadenwürmer waren einige Zehntausend Jahre
lang eingefroren, doch Wissenschaftler konnten ein paar
Würmer wiederbeleben, als
sie sie auftauten und in Kultur
nahmen. Während ihrer kurzen
Lebensspanne (nur rund
20 Tage) waren diese Nematoden die ältesten vielzelligen
Lebewesen der Erde.

**RIESENVIRUS *PITHOVIRUS
SIBERICUM***
Wissenschaftler am Laboratoire
Information Génomique et
Structurale (IGS) in Marseille
konnten 2014 ein bis dato
unbekanntes Virus aus dem
sibirischen Permafrost isolieren,
indem sie das Probenmaterial
auftauten und Wirtszellen zu-
fügten, die das Virus infizieren
konnte. Das neue Virus bekam
den Namen *Pithovirus sibericum*; es infiziert Amöben.

**BDELLOIDEA-
RÄDERTIERCHEN**
Dieses winzige Rädertierchen
aus dem sibirischen Permafrost
erwachte nach dem Auftauen
wieder zum Leben.

Bernstein oder Salzkristallen eingeschlossen sind, während einige Tiere eine erstaunlich lange Gefrierperiode überleben. Anscheinend besteht der Trick darin, körpereigene Gefrierschutzmittel zu bilden. So lagert *Hemideina maori* (eine Langfühlerschrecke) eine große Menge an Frostschutzmitteln (z. B. Aminosäuren) ein, die Zellschäden verhindern, obwohl bis zu 80 % der Körperflüssigkeit gefrieren und wieder auftauen können.

17
Tage

10
Monate

8
Monate

HEMIDEINA MAORI
Dieses ca. 6 cm große, flügel-lose Insekt ist auf Neuseelands Südinsel heimisch; es kann Temperaturen von −10 °C zwei Wochen oder länger über-stehen, obwohl ein Großteil der Körperflüssigkeit gefriert.

WALDFROSCH
Dieser kleine nordamerikani-sche Frosch friert jeden Herbst ein, überdauert den Winter und taut nach 8 Monaten im Früh-ling wieder auf – er wird auch Eisfrosch genannt.

GYNAEPHORA GROENLANDICA
Dieser Nachtfalter aus der Fa-milie der Trägspinner verbringt 7 Jahre im Raupenstadium – die meiste Zeit davon in gefrorenem Zustand bei Temperaturen bis zu −70 °C! Die Raupe taut jedes Jahr nur ein paar Monate auf und frisst, wächst und häutet sich in dieser Zeit.

BAKTERIEN
Bakterien können 250 mya überdauern. Wissenschaftler konnten dies nachweisen, als es ihnen gelang, Bakterien aus Salzlagerstätten in New Mexico (USA) zu isolieren und erfolgreich zu kultivieren.

DAS KEIMUNGSEXPERIMENT VON BEAL

Der amerikanische Botaniker William James Beal wollte herausfinden, wie lange die Samen von Wildpflanzen im Boden lebensfähig bleiben, und startete zu diesem Zweck 1879 ein Experiment: Er vergrub 20 Flaschen, die Sand und Samen von 21 häufigen Wildpflanzenarten (je Art 50 Samen) enthielten. In regelmäßigen Abständen grub er jeweils eine Flasche aus und säte den Inhalt aus. Nach 10 Jahren waren die meisten Samen noch lebensfähig, doch im Lauf der Jahre keimten immer weniger Samen aus. Nach Beals Tod (1924) führten andere Botaniker das Experiment fort, das auch heute noch andauert.

Am 15. April 2021 wurde die 16. Flasche ausgegraben und der Inhalt ausgesät. Es keimten noch 20 Samen der Schaben-Königskerze aus. Dies zeigt, dass einige Samen mindestens 142 Jahre lang keimfähig bleiben können. Es gibt jedoch Pflanzensamen, die noch weit länger lebensfähig bleiben können.

SVALBARD GLOBAL SEED VAULT
Der Svalbard Global Seed Vault wurde auf Spitzbergen im Dauerfrostboden gebaut. In ihm sind 642 Mio. Pflanzensamen «gebunkert», meist von Nutzpflanzen wie Getreide-, Obst- und Gemüsearten. Er soll als «eiserne Reserve» dienen, um den Verlust von Pflanzenarten durch Klimawandel oder andere Katastrophen zu verhindern.

Dauer der Dormanz bei Pflanzensamen

SCHABEN-KÖNIGSKERZE

Eine in Eurasien und Nordafrika heimische, in Nordamerika eingeführte Blütenpflanze, deren Samen über 100 Jahre lebensfähig bleiben können.

142 Jahre

INDISCHES BLUMENROHR, CANNA

Bei Ausgrabungen in Argentinien wurde ein lebensfähiger Canna-Samen gefunden; er befand sich in einer Nussschale, die Teil einer Kette war. Damals (1968) war es der älteste lebensfähige Pflanzensamen, der je gefunden wurde.

620 Jahre

1200 Jahre

INDISCHE LOTOSBLUME

Am Grund eines ausgetrockneten Sees in China fand man Lotossamen, die 200–1200 Jahre alt waren. Viele keimten aus und entwickelten sich zu Jungpflanzen.

JUDÄISCHE DATTELPALME

In der Palastfestung des Herodes in Masada (Israel) fand man Samen der Judäischen Dattelpalme, einer genetischen Linie der Dattelpalme, die als ausgestorben galt. Aus einem der ausgepflanzten Samen entwickelte sich eine inzwischen 3,5 m hohe männliche Palme namens Methuselah, die bereits blüht und Pollen bildet.

2000 Jahre

32 000 Jahre

SILENE STENOPHYLLA (EIN LEIMKRAUT)

Im Jahr 2007 konnte man aus Eichhörnchen-Vorratshöhlen, tief im sibirischen Permafrost, 600 000 Samen und Früchte gewinnen. Zwar waren die meisten geschädigt, doch es gelang russischen Wissenschaftlern, «Plazentagewebe» aus 3 unreifen Früchten eines Leimkrauts zu isolieren und zu kultivieren. Später konnte man daraus blühende und fruchtende Pflanzen regenerieren.

4
WACHSTUMS-
SPANNEN

EINLEITUNG

Wachstum ist ein essenzielles Merkmal des Lebens; bewirkt wird es durch Zellen, die sich teilen, um weitere Zellen zu bilden, sodass schließlich Gewebe- und Organsysteme entstehen, die alle vielzelligen Lebewesen ausmachen.

Normalerweise ist das Wachstum in den ersten Lebensstadien am raschesten. Gemessen an ihrer geringen Größe wachsen Keimlinge zum Beispiel im Eiltempo. Auch Tierembryonen durchlaufen eine Fülle von Zellteilungen und rasantes Wachstum, während Jungtiere große Nahrungsmengen benötigen, um die weitere Entwicklung zum ausgewachsenen Tier zu garantieren. In den mittleren und späteren Lebensphasen verlangsamen sich die Wachstumsraten und kommen häufig zum Stillstand – doch nicht bei allen Tieren. Wenn ein Axolotl im Aquarium gehalten wird, ist es anscheinend nur die Größe des Wasserbeckens, die sein Wachstum einschränkt. Dieser ungewöhnliche mexikanische Schwanzlurch verharrt zeitlebens im Larvenstadium, wächst aber weiter und wird als Larve geschlechtsreif.

Natürlich gibt es zwischen den einzelnen Arten immense Unterschiede, was Wachstumsraten und -dauer angeht. Der Türkise Prachtgrundkärpfling, eine afrikanische Art, wächst rasant und wird binnen 17 Tagen geschlechtsreif – in kälteren Gewässern scheint es dagegen viel gemächlicher zuzugehen: Der Grönlandhai (Eishai) kann bis zur Geschlechtsreife bis zu 150 Jahre benötigen und mehrere Jahrhunderte alt werden.

Insgesamt folgt das Wachstum einem vorhersagbaren Verlauf. So bringt eine Pferdestute nach einer einjährigen Tragzeit ein Fohlen zur Welt, dieses braucht Zeit, um zu wachsen und erwachsen zu werden. Der Verlust eines Beines oder die Schädigung eines Organes bedeutet für die Zukunft nichts Gutes. Säugetiere, wie Pferde und Menschen, haben eine nur begrenzte Regenerationsfähigkeit. Andere Tiere, wie Axolotl, Seesterne und einige Plattwürmer, können einige Körperteile auf spektakuläre Weise regenerieren. Es dauert Wochen bis Monate; in manchen Fällen können sich sogar sehr kleine Körperfragmente zu vollständigen neuen Individuen entwickeln. Einige Seesterne können aus einem einzigen Arm ihren gesamten Körper regenerieren, und Planarien (eine Ordnung der Plattwürmer) können in kleine Teile zerteilt werden, aus denen sich jeweils ein neues Individuum entwickelt. Das Wachstum ist tatsächlich ein erstaunlicher Prozess.

Seesterne besitzen erstaunliche Regenerationsfähigkeiten. Sie können ihre Arme und größere Körperteile nachwachsen lassen.

WELCHES EI IST SCHNELLER?

Ob hart und zerbrechlich oder weich und gallertartig, Eier sind immer von einer Membran umhüllt und enthalten den sich entwickelnden Embryo eines Tieres – beispielsweise von Vögeln, Amphibien und Fischen. Häufig beschützen die Eltern die Eier, indem sie sie bebrüten und bewachen. Bei etlichen Arten, so beim Kanarengirlitz («Kanarienvogel») und dem Pazifischen Riesenkraken, übernimmt ausschließlich das Weibchen die Brutpflege, bei anderen, wie Helmkasuar und Coquifrosch, kümmert sich nur das Männchen darum. Die Elternpflichten können auch geteilt werden oder gänzlich entfallen. Die Bebrütung dauert Tage bis Jahre; der Schlüpfzeitpunkt kann auch durch Umweltfaktoren wie Temperatur und Feuchtigkeit beeinflusst werden. Bei manchen Reptilienarten spielt die Temperatur eine Zusatzrolle, indem sie das Geschlecht der Nachkommen festlegt. So schlüpfen alle Rotwangen-Schmuckschildkröten zwar nach etwa 3 Monaten aus dem Ei, doch Männchen schlüpfen nur aus den Eiern, die bei 22–27 °C bebrütet werden; bei höheren Temperaturen entstehen Weibchen.

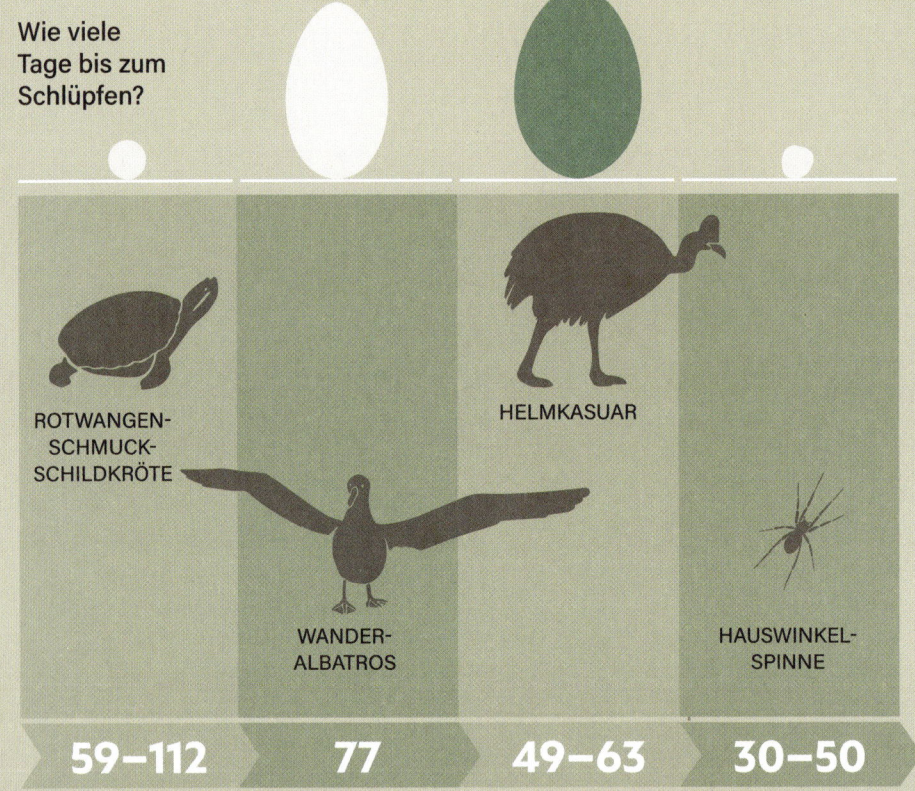

Wie viele Tage bis zum Schlüpfen?

ROTWANGEN-SCHMUCK-SCHILDKRÖTE

HELMKASUAR

WANDER-ALBATROS

HAUSWINKEL-SPINNE

| 59–112 | 77 | 49–63 | 30–50 |

Tage bis zum Schlüpfen

EINMAL IM LEBEN

Kraken pflanzen sich nur einmal im Leben sexuell fort. Im Lauf einiger Tage legt das Weibchen Zehntausende von Eiern, um die es sich anschließend kümmert: Es säubert sie, fächelt ihnen sauerstoffreiches Wasser zu und verjagt Fressfeinde. Das Weibchen des Pazifischen Riesenkraken bebrütet seine Eier beispielsweise 5 Monate lang; in kälteren Gewässern, wie rund um Alaska, kann es bis zu 10 Monate dauern, bis die Jungkraken schlüpfen. Die längste Brutpflegezeit im Tierreich hat der Tiefsee-Oktopus (*Graneledone boreopacifica*). In einem Tiefseecanyon der Monterey Bay, Kalifornien (USA), gelang es Wissenschaftlern, die brütenden Weibchen von einem Tauchboot aus regelmäßig zu beobachten. Ein reinweißes Weibchen, das sich 53 Monate lang um seine Eier kümmerte, nahm in dieser Zeit weder Nahrung auf noch verließ es das Gelege. Kurz nach dem Schlüpfen der Jungen starb es vor Erschöpfung.

COQUIFROSCH
(*ELEUTHERODACTYLUS COQUI*)

HAUSHUHN

AURORA-FALTER

NAMA-FLUGHUHN

KANAREN-GIRLITZ

17–26 **22** **21** **13–14** **10**

WAS KAM ZUERST?

Was kam zuerst, Küken oder Ei? Die Antwort hängt davon ab, wen man fragt. Evolutionsbiologen werden antworten, dass Tiere seit Millionen Jahren Eier legen. Einige der ältesten bekannten Ei-Fossilien stammen von einem Dinosaurier namens *Massospondylus*, der vor etwa 190 mya lebte. Sie gehören einem Typ von Eiern an, bei dem der sich entwickelnde Embryo von mehreren Membranen umgeben ist, wie es auch beim modernen Hühnerei der Fall ist (sogenanntes Amnioten-Ei). Das erste Haushuhn scharrte aber erst vor 4000 Jahren auf dem Mist. Also kam das Ei eindeutig zuerst.

Embryonale Entwicklung beim Haushuhn

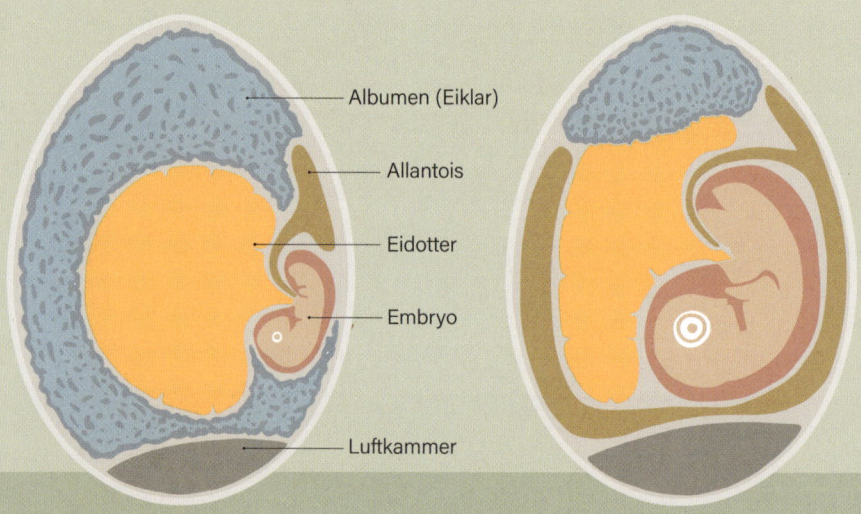

- Albumen (Eiklar)
- Allantois
- Eidotter
- Embryo
- Luftkammer

5 Tage

Schnabel und Extremitäten-
anlagen entwickeln sich. Innere
Organe haben sich gebildet.
Das Herz schlägt.

10 Tage

Der Embryo wächst rasch.
Federbildung beginnt. Die
Flügel besitzen Finger.

ALBUMEN
Das Albumen oder Eiklar schützt das
sich entwickelnde Küken und schrumpft,
während der Embryo wächst.

**ALLANTOIS (EMBRYONALE
HARNBLASE)**
Die Allantois speichert Abfallstoffe und
ermöglicht die Atmung.

EIDOTTER
Der Dotter dient als Vorrat und liefert
Nahrung für das sich entwickelnde
Küken; er schrumpft, während er
verbraucht wird.

Entwicklungsbiologen würden diese Frage jedoch aus einem anderen Blickwinkel sehen. Denken Sie einmal an die Entwicklung eines Huhns: Nach der Befruchtung besteht das zukünftige Küken ganz kurz aus einer einzigen Zelle, die sich bald zu teilen beginnt. Der Eileiter der Henne (Mutter) lässt sich mit einem Fließband vergleichen. Der Embryo, der aus einem Haufen sich teilender Zellen mit etwas DNA und dem Dotter besteht, bewegt sich durch den Eileiter. Am Ende werden Eiweiß (Eiklar) und Eischale zugefügt. Der gesamte Vorgang dauert 24 Stunden, das fertige Ei (mit dem Embryo) wird gelegt, und die Henne beginnt mit der Bebrütung. Also kam das Küken bzw. der Embryo zuerst, und die Eischale, die es umgibt, folgte später.

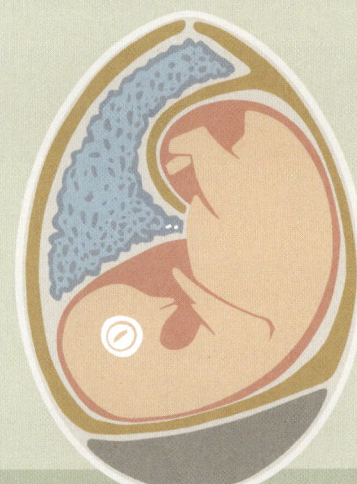

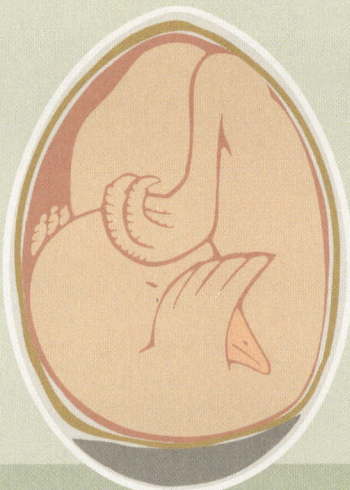

15 Tage

Der Embryo wird immer vogelähnlicher. Die Hornschuppen der Beine, die Krallen und der Schnabel härten aus.

20 Tage

Der Embryo nimmt fast das gesamte Ei ein. Er durchstößt die Membran der Luftkammer mit seinem Eizahn auf der Schnabelspitze und nimmt den ersten Atemzug.

21 Tage

Das Schlüpfen dauert 4–12 Stunden.

TRAGZEIT BEI SÄUGETIEREN

Bei Säugetieren wird die Dauer der Trächtigkeit (Gestation, beim Menschen meist als Schwangerschaft bezeichnet) durch einige wichtige Faktoren beeinflusst. Größere Säuger haben tendenziell eine längere Tragzeit, ebenso Tiere, die bereits weit entwickelt zur Welt kommen.

Mit 22 Monaten dauert die Trächtigkeit bei Elefanten am längsten. Ihre Jungen verfügen bei der Geburt bereits über beträchtliche kognitive Fähigkeiten und können 2 Stunden später schon laufen. Man bezeichnet Arten, deren Neugeborene weit entwickelt sind, als «Nestflüchter». Ratten dagegen gehören zu den «Nesthockern» – ihre Jungen werden blind und hilflos geboren und sind erst nach 3 Wochen entwöhnt und unabhängig.

Die Entwicklung von Elefantenembryonen lässt sich mithilfe von Ultraschallgeräten verfolgen: An Tag 50 kann die Trächtigkeit bestätigt werden, etwa ab Tag 80 sind Herzschläge wahrzunehmen. Ab Tag 97 sind die Augen, ab Tag 104 der Rüssel und etwa 60 Tage später die großen Ohren sichtbar. Vor allem für Zoos sind diese Informationen wertvoll; da man Elefantenkühen ihre Trächtigkeit kaum ansieht, werden sie regelmäßig per Ultraschall untersucht.

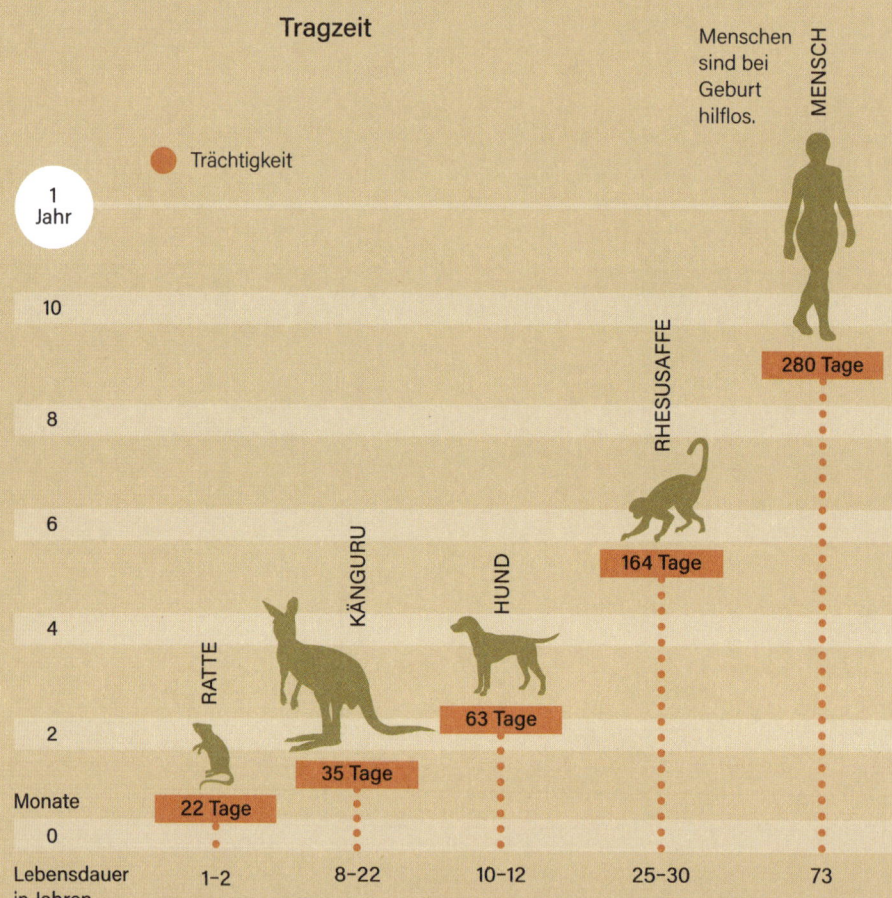

Tragzeit

Menschen sind bei Geburt hilflos.

MENSCH

● Trächtigkeit

1 Jahr

10

8

RHESUSAFFE

280 Tage

6

KÄNGURU

HUND

164 Tage

4

RATTE

63 Tage

2

35 Tage

Monate

22 Tage

0

Lebensdauer in Jahren

RATTE	KÄNGURU	HUND	RHESUSAFFE	MENSCH
1–2	8–22	10–12	25–30	73

Rüssel an Tag 104 zu erkennen.

An Tag 167 ragen die großen Ohren über den Hals hinaus.

Ein Elefant kann zwei Stunden nach der Geburt schon laufen und hat ein weit entwickeltes Gehirn, das ihm das Überleben in freier Natur erleichtert.

AFRIKANISCHER ELEFANT

BLAUWAL

PFERD

660 Tage

365 Tage

336 Tage

2 Jahre

22

20

18

16

14

1 Jahr

10

8

6

4

2

Monate

0

25–30

80–90

50–70

Lebensdauer in Jahren

Meerschweinchen sind ebenfalls Nestflüchter. Die Tragzeit ist mit etwa 65 Tagen relativ lang; die Jungen sehen bei der Geburt fast wie Miniaturausgaben ihrer Eltern aus. Sie haben offene Augen, ferner Fell, Zähne sowie Krallen und können fast sofort feste Nahrung zu sich nehmen. Nestflüchter zu sein, ist eine gute Strategie für Arten, die ihre Jungen nicht so einfach beschützen können. Feldhasen leben beispielsweise in der offenen Feldflur, folglich sind auch ihre Jungen Nestflüchter.

SCHUTZ DES UNGEBORENEN

Einige Tierarten haben raffinierte Strategien zum Schutz ihrer ungeborenen Nachkommen entwickelt. So paart sich die nordamerikanische Kleine Braune Fledermaus bereits im Herbst, doch die Weibchen speichern das Sperma während der kalten Wintermonate in ihrem Geschlechtstrakt; Befruchtung, Embryonalentwicklung und Geburt erfolgen erst im Frühling.

Beim Neunbinden-Gürteltier findet die Befruchtung unmittelbar nach der Paarung statt, doch die weitere Entwicklung des befruchteten Eis (Zygote) wird 3–4 Monate hinausgezögert. Erst nach dieser sogenannten Keimruhe nistet sich die Zygote im Uterus ein, teilt sich in vier identische Zellen, und 5 Monate später werden eineiige Vierlinge geboren. Unter Stress, häufig bei Käfighaltung, kann die Keimruhe bei den Gürteltieren um ein Jahr oder mehr verlängert werden.

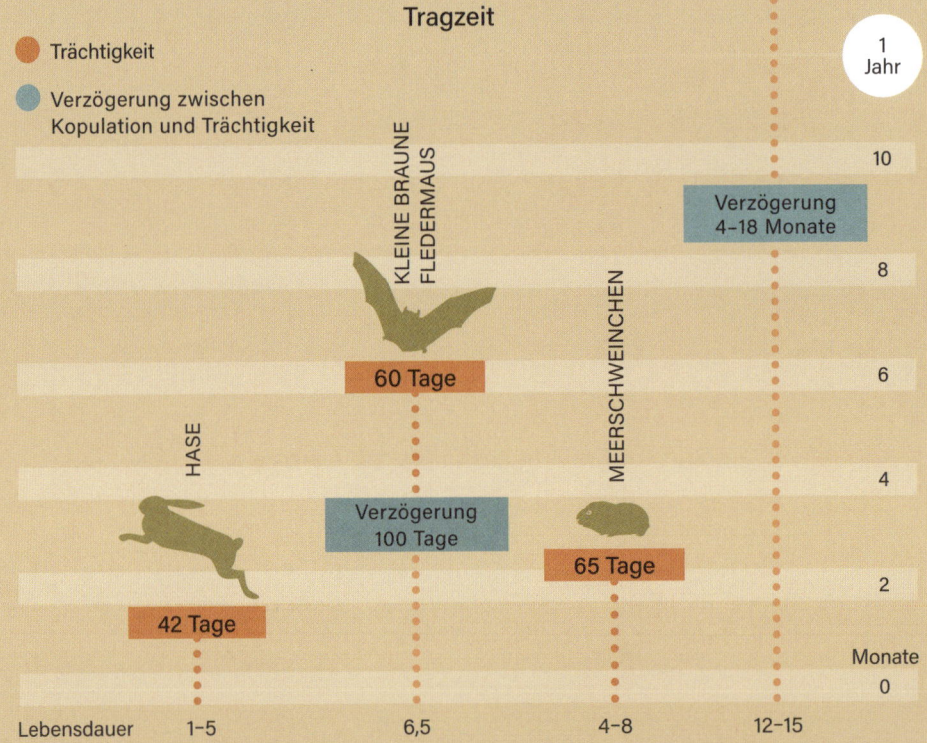

Tragzeit

- 🔴 Trächtigkeit
- 🔵 Verzögerung zwischen Kopulation und Trächtigkeit

NEUNBINDEN-GÜRTELTIER — 140 Tage — 2 Jahre — Verzögerung 4–18 Monate

KLEINE BRAUNE FLEDERMAUS — 60 Tage — Verzögerung 100 Tage

HASE — 42 Tage

MEERSCHWEINCHEN — 65 Tage

Skala: 22, 20, 18, 16, 14, 1 Jahr, 10, 8, 6, 4, 2, Monate 0

Lebensdauer in Jahren: 1–5 / 6,5 / 4–8 / 12–15

TRÄCHTIGKEIT BEI BEUTELTIEREN

Manche Beuteltiere sind zwar groß, haben aber eine kurze Tragzeit. Beim Roten Riesenkänguru dauert diese nur 35 Tage, dann krabbelt das etwa 2,5 cm große Baby (meist nur ein einziges) in den Beutel der Mutter und saugt sich an einer Zitze fest. Es verlässt den Beutel nach etwa 190 Tagen zum ersten Mal und wird bis zu 12 Monate gesäugt. Die Mutter kann sich in dieser Zeit zwar erneut paaren, das nächste Kängurubaby wird aber erst geboren, wenn der Beutel wieder frei ist. Känguru-weibchen können die Schwangerschaft so lange ver-zögern, bis die Zeit dafür reif ist.

KÄNGURU
Trächtigkeit
35 Tage

VIRGINIA-
OPOSSUM
Trächtigkeit
12 Tage

Beim Virginia-Opossum (oder Nordopossum), einer Beutelratte aus Nordamerika, dauert die Tragzeit nur 12 Tage, bevor 16–20 etwa 1 cm große Jungtiere geboren werden. Sie krabbeln sofort vom Geburtskanal zum Beutel der Mutter, doch nur etwa die Hälfte erreicht ihr Ziel.

TRÄCHTIGKEIT BEI KLOAKENTIEREN

Die eierlegenden Säugetiere, Kloakentiere oder Monotremata genannt, sind in Ostaustralien heimisch; nur Schnabeltier und Ameisen-igel zählen zu dieser Ordnung. Das Schnabeltier-Weibchen legt 28 Tage nach der Paarung bis zu 3 von einer ledrigen Schale umhüllte Eier in einen eigens angelegten Bau und bebrütet die Eier etwa 10 Tage lang. Schnabeltiere haben keinen Beutel. Die frisch geschlüpften Jungen sind blind und nackt und ernähren sich von Muttermilch, die über Hautporen abgesondert wird.

Die ebenfalls eierlegenden Ameisenigel (Schnabel-igel, Echidna) umfassen vier Arten. Das Weibchen legt 22 Tage nach der Paarung ein einziges Ei, das es sofort in seinen Beutel befördert. 10 Tage später schlüpft das Jungtier und ernährt sich von Milch, die innerhalb eines Milchfeldes im Beutel gebildet wird. Die Jungen bleiben bis zu 55 Tage im Beutel der Mutter.

SCHNABEL-
TIER
Trächtigkeit
28 Tage

HERANWACHSEN

Die Kindheit oder juvenile Phase zählt zu den wichtigsten Phase
im Leben eines Tieres. In dieser Zeit wachsen die Jungtiere heran
und erlernen und üben Fertigkeiten, die sie in ihrem Erwachsenen-
leben benötigen werden. Rein äußerlich bestehen zwischen
adulten und Jungtieren manchmal große Unterschiede. Beim jungen Flachlandtapir ist das braune Fell zum Beispiel weiß gefleckt
und gestreift. Diese Zeichnung dient der Tarnung und verliert
sich beim Heranwachsen, bis schließlich das einheitlich braune
Erwachsenenfell erreicht ist. Trotzdem ist Aussehen
nicht immer ein verlässliches Maß, um zu ent-
scheiden, ob ein Lebewesen die adulte Phase
erreicht hat. So soll es Menschen geben, die
auch jenseits des Teenageralters recht un-
reif handeln. In der Biologie verwendet
man daher andere Maßstäbe, wie die
Generationszeit oder die Dauer bis zum
Erreichen der Geschlechtsreife.

Flachlandtapir
mit Jungtier

Zeitspanne bis zur Geschlechtsreife

150 Jahre
GRÖNLANDHAI
Der Grönlandhai kann mehrere Hundert Jahre alt werden.
Als Spitzenprädator hat er kaum natürliche Feinde und
kann sich bis zum Erwachsenwerden Zeit lassen.
Er besitzt die längste juvenile Phase aller Tiere.

10–20 Jahre
BRÜCKENECHSE
Die nur in Neuseeland heimischen Brückenechsen
haben weiche, pergamentschalige Eier. Diese Reptilien
erreichen mit 10–20 Jahren die Geschlechtsreife,
hören aber erst im Alter von 35 Jahren auf zu wachsen.

7–8 Jahre
GIBBON
Diese schwanzlosen Primaten sind in den Regenwäldern Südasiens heimisch. Nach Erreichen der Geschlechtsreife leben sie häufig in lebenslanger Partnerschaft, doch das heißt nicht, dass es nicht gelegentlich zu Kopulationen außerhalb der Paarbeziehung kommt.

7 Monate
BERGVISCACHA, HASENMAUS
Alter ist relativ. Die Hasenmaus (sie ist, wie der Name sagt, hasenähnlich) lebt in den Anden, vor allem in Peru. Sie wird mit 7 Monaten geschlechtsreif, stirbt aber bereits 1 oder 2 Jahre später. Auf den Menschen übertragen, hieße dies, dass die Geschlechtsreife erst im 4. Lebensjahrzehnt einsetzt.

3–5 Monate
WILDKANINCHEN
Die Rammler werden mit 4 Monaten geschlechtsreif, die Weibchen beginnen mit 3–4 Monaten sich fortzupflanzen.

17 Tage
TÜRKISER PRACHTGRUNDKÄRPFLING
Manche Arten, die gefährlich leben und unter hohem Prädationsdruck leiden, weisen eine schnelle Entwicklung und frühe Geschlechtsreife auf. Diese evolutionäre Anpassung ermöglicht, dass Individuen sich schnell fortpflanzen und ihre Gene weitergeben können, bevor ihr Leben abrupt beendet wird.

4 Tage
BLATTLAUS
Die Haferblattlaus (*Rhopalosiphum padi*) hat die kürzeste Generationszeit im Tierreich. Bereits nach 4 Tagen ist die aktuelle Generation von der nächsten abgelöst worden; allerdings wird die Dauer der Generationszeit stark durch Umweltfaktoren wie Temperatur und Nahrungsverfügbarkeit beeinflusst.

EINE AMPHIBIE, DIE NIEMALS ERWACHSEN WIRD

Manche Tiere werden niemals erwachsen, fast wie Peter Pan. Der Axolotl kommt in freier Natur nur in einem einzigen Süßwassersee im Mexiko-Becken vor; da der See heute sehr stark verlandet ist, ist die Art vom Aus-sterben bedroht. Die meisten Amphibien wandeln sich von wasserlebenden Jugendformen in landlebende Adultformen um (Metamorphose), doch der Axolotl bleibt zeitlebens im Wasser. Er ähnelt Salamandern, durchläuft aber keine Metamorphose wie andere Amphibien, sondern behält drei paarige (äußerliche) Kiemenäste – Kiemen und Haut dienen der Atmung im Was-ser – sowie eine auffällige lange Rückenflosse, die zur Manövrierfähigkeit im Wasser beiträgt. Dieses Beibehalten der Jugendmerkmale beim erwachse-nen Tier, das geschlechtsreif wird, bezeichnet man als Neotenie.

In der Regel bleiben erwachsene Axolotl in der Jugendform, doch die Fähigkeit zur Metamorphose geht nicht verloren. Wenn Axolotl in mensch-licher Obhut mit Jodsalzen behandelt werden, löst dies die Bildung von Schilddrüsenhormonen aus und anschließend eine künstliche Metamor-phose. Kiemen und Rückenflosse verschwinden, es entwickeln sich Augen-lider sowie kräftigere Extremitätenmuskeln. Die Haut ist weniger wasser-durchlässig, die bereits existierende Lunge entwickelt sich weiter. Diese Veränderungen dienen als Vorbereitung auf ein Leben an Land, kommen in freier Natur aber niemals vor. Später sterben diese durch künstliche Meta-morphose entstandenen Tiere häufig, die Behandlung ist also nicht zu empfehlen.

1 cm

SCHLÜPFEN
Die Axolotl-Embry-onen brauchen im Ei 2 Wochen, um sich zu Larven zu entwickeln, und schlüpfen dann.

3 WOCHEN
Frisch geschlüpfte Axolotl können bereits schwimmen, die Hinter-extremitäten sind noch nicht entwickelt.

3 MONATE
Der junge Axolotl entwi-ckelt sich weiter: Lunge sowie Vorder- und Hin-tergliedmaßen wachsen.

Neotenie beim Axolotl

Axolotl bleiben lebenslang in der juvenilen Phase und wachsen immer weiter. Sie können in menschlicher Obhut bis zu 25 Jahre alt werden; in freier Natur ist ihre Lebensdauer meistens erheblich kürzer.

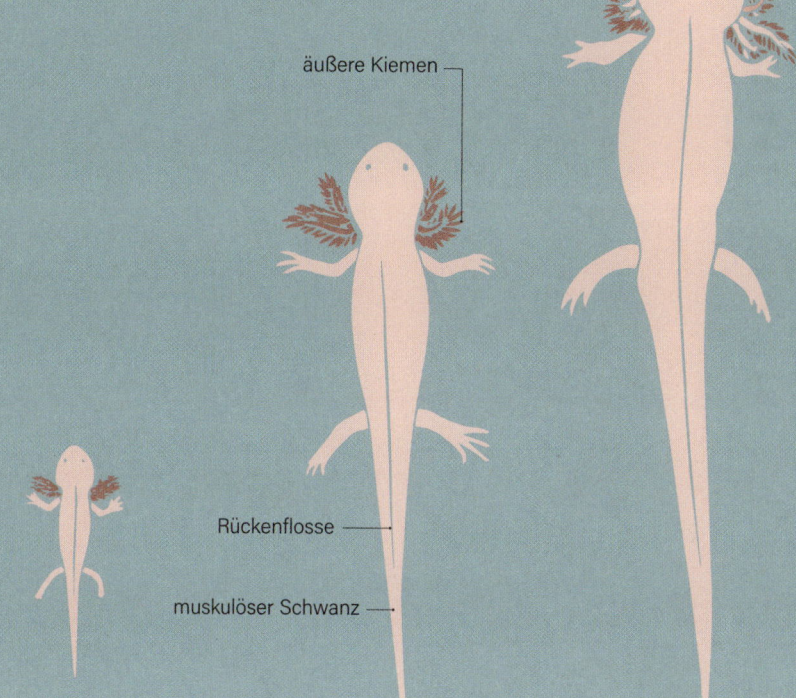

äußere Kiemen

Rückenflosse

muskulöser Schwanz

Lebensspanne bis zu 25 Jahre

5 MONATE
In der späten Juvenil-phase wächst der Axolotl weiter sehr schnell, ist aber noch nicht geschlechtsreif.

1 JAHR
Die Weibchen werden mit 1 Jahr geschlechts-reif, die Männchen bereits mit 9 Monaten.

3 JAHRE
Die Tiere behalten ihre Jugendform bei und wachsen nach wie vor weiter; es finden aber auch altersabhängige Veränderungen statt. Die Haut wird bspw. dicker, und das Skelett ist stärker verknöchert.

AUF EIGENEN FÜSSEN

Menschenbabys beginnen mit 6 bis 12 Monaten zu krabbeln, fangen gegen Ende dieser Zeit an, sich hochzuziehen, und «hangeln» sich dann von Möbelstück zu Möbelstück, indem sie jedes erreichbare Objekt zur Hilfe nehmen. Zwischen 8 und 18 Monaten folgen die ersten selbstständigen Schritte und unmittelbar danach (fast immer) die erste Bauchlandung. In den nächsten Wochen wird das Laufen sicherer und immer perfekter.

Wie lange dauert es, bis Jungtiere laufen können?

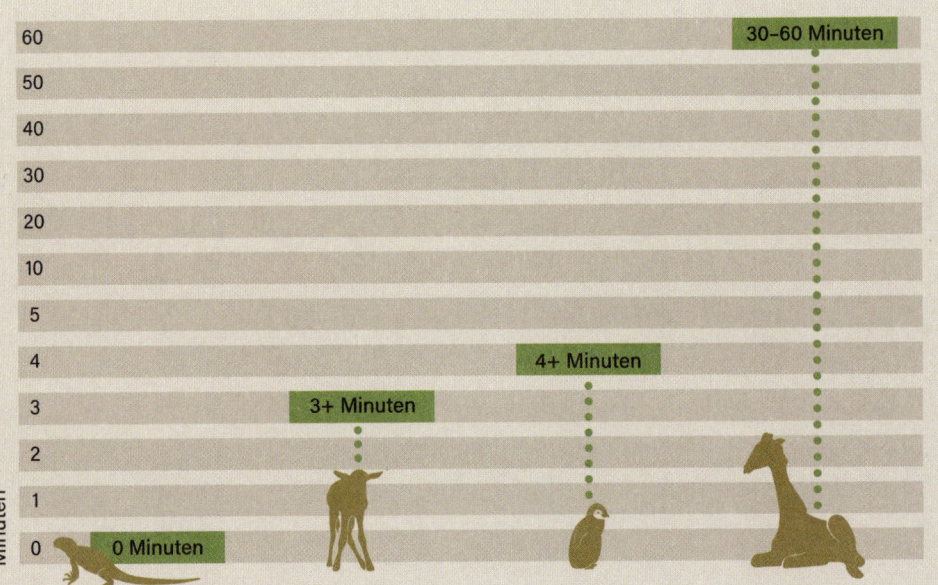

MEERECHSE
Die auf Galapagos heimischen Meerechsen schlüpfen an Land. Da sie dort von Fressfeinden wie Schlangen bedroht sind, müssen sie so schnell wie möglich ins Meer gelangen, wo sie relativ sicher sind und Algen abweiden können.

GNU
Im Februar/März, zu Beginn der afrikanischen Regenzeit, kommen Hunderttausende von Gnus zur Welt. Binnen Minuten sind sie auf den Beinen und nach ein paar Tagen bereits in der Lage, als Teil der wachsenden Herde neben ihren Müttern entlangzutrotten.

PINGUIN
Für flugunfähige Vögel ist es besonders wichtig, gut zu Fuß zu sein. Pinguinküken können fast sofort stehen und watscheln bereits kurz danach herum. Anders als beim Menschen wird das Körpergewicht während des Gehens nicht auf beide Füße verteilt, sondern auf den vordersten Fuß gelegt, um auf dem Eis nicht auszurutschen.

GIRAFFE
Bei der Geburt sind Giraffen schon fast 2 m groß. Sie sind anfangs noch wacklig auf den Beinen und können erst nach ein paar Stunden aufrecht stehen und richtig laufen. Binnen 10 Stunden können sie aber mit den Erwachsenen ihrer Familiengruppe mithalten und im Höchsttempo rennen.

Wir Menschen sind, was das Laufenlernen angeht, ein Sonderfall: Wir benötigen zum Erlernen viel länger als die meisten anderen Tierarten – vor allem deshalb, weil wir derart umsorgt und ohne Bedrohung durch Fressfeinde aufwachsen. Als Faustregel gilt, dass Prädatoren länger brauchen, bis sie auf eigenen Beinen stehen, als ihre Beutearten. Das ergibt Sinn – denn bei einer Art, die von Geburt an ungeschützt mit hungrigen Prädatoren konfrontiert ist, trägt «Schnellfüßigkeit» dazu bei, den Fressfeinden zu entkommen und die Überlebenschancen zu verbessern.

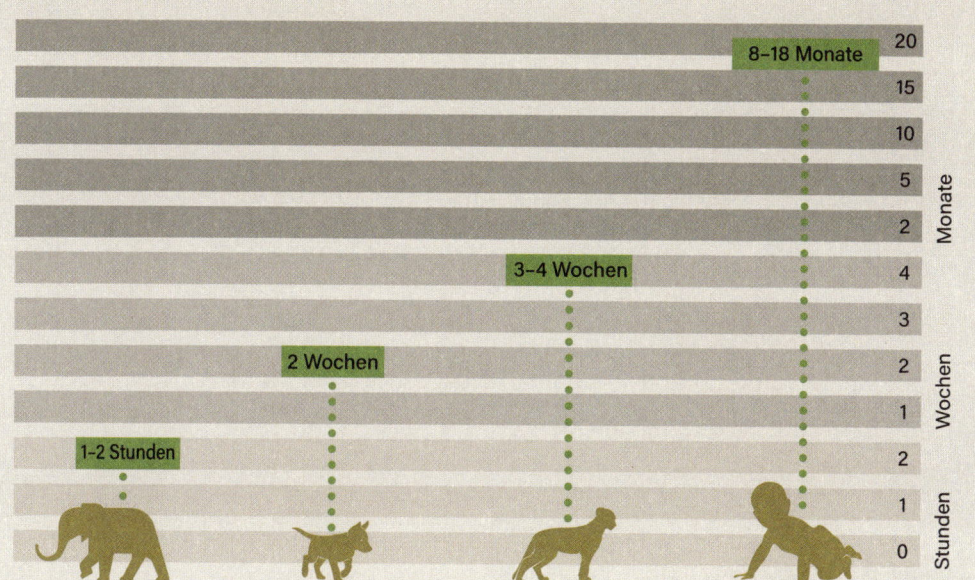

ELEFANT
Elefantenherden müssen ständig weiterziehen, um Futter und Wasser zu finden – auch wenn ein Jungtier geboren wird. In einer Untersuchung der Universität Oxford fand man 2022 heraus, dass die Geschwindigkeit der Herde am Tag der Geburt zwar etwas abnehmen kann, sich aber schnell wieder normalisiert, und sogar eintägige Elefantenbabys schon mithalten können.

WOLF
Die Welpen (pro Wurf meist 4–6) werden im Bau geboren und sind anfangs blind, taub und fast völlig hilflos, doch sie wachsen schnell: Mit 2 Wochen öffnen sich die Augen und laufen unsicher herum. Eine Woche später verlassen sie zum ersten Mal den Bau.

GEPARD
Ähnlich wie Menschenbabys müssen auch Gepardenjunge nach der Geburt umsorgt werden. Im Alter von ein paar Wochen können sie laufen und kurz darauf rennen. Mit 6 Monaten erhalten sie den ersten Jagdunterricht von der Mutter; 18 Monate später sind sie unabhängig und jagen selbstständig.

MENSCH
Bei uns Menschen dauert es länger als bei anderen Säugern, bis wir laufen können; das liegt an der Entwicklung unseres Gehirns. Wenn Babys ein großes Gehirn hätten, könnten sie den relativ engen Geburtskanal der Mutter nur mit Schwierigkeiten passieren. Daher werden wir mit einem relativ unreifen Gehirn geboren, das sich nach der Geburt weiterentwickelt. Wir lernen erst dann zu laufen, wenn unser Gehirn unseren Körper «eingeholt» hat.

ENTSTEHUNG VON KORALLENRIFFEN

Korallen sehen nicht wie typische Tiere aus, doch sie sind Teil des Tierreichs und zählen wie Seeanemonen und Quallen zum Stamm der Nesseltiere oder Cnidaria. Korallen sind «Ökosystemingenieure» und leben in riesigen Unterwasserkolonien. Jede einzelne Koralle besteht aus Tausenden viel kleinerer und genetisch identischer Organismen, den sogenannten Polypen. Jeder Einzelpolyp besitzt einen schlauchförmigen «Verdauungsraum», oben mit einem Schlund, der von Tentakeln gesäumt ist. Es gibt zahlreiche verschiedene Korallentypen: Bei den riffbildenden Korallen sezernieren die Einzelpolypen unten Calciumcarbonat, aus dem sich ein Skelett entwickelt, das sie mit ihren Nachbarn verbindet. Im Lauf der Zeit wächst aus diesen Skeletten das Korallenriff in seiner Gesamtstruktur heran.

Korallenpolypen nehmen über ihren tentakelgesäumten Schlund Algen als Nahrung auf.

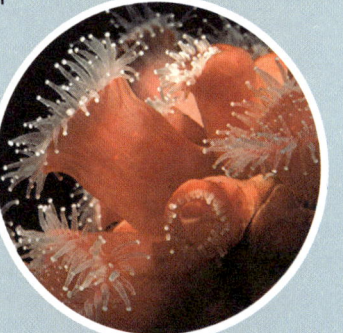

Bildung von Atollen

SAUMRIFF
Die Korallen beginnen rund um eine Vulkaninsel zu wachsen und bilden ein Saumriff.

BARRIERERIFF
Der Vulkan beginnt abzusinken, sodass rundum langsam eine Lagune entsteht. Es bildet sich ein Barriereriff.

 Insel   Lagune   Korallenriff   Vulkan

Die verschiedenen Korallen wachsen mit unterschiedlicher Geschwindigkeit – aber alle recht langsam. Massive Korallen wachsen nur 3–20 mm pro Jahr, während astbildende Korallen bis zu 100 mm pro Jahr erreichen können.

Bereits Charles Darwin entwickelte eine Theorie zur Entstehung von Atollen (ringförmigen Korallenriffen). Zu Beginn siedeln sich frei schwimmende Korallenlarven an den Rändern von Inseln an. Während das Riff heranwächst, nimmt es verschiedene Formen an, vom Saumriff über ein Barriereriff letztendlich hin zum Atoll, das eine Lagune umschließt.

Man geht davon aus, dass Geweihkorallen, benannt nach der Form ihres Korallenskeletts, vor etwa 60 mya entstanden sind.

100 000–300 000 Jahre

FAST-ATOLL
Der Vulkan ist fast verschwunden. Währenddessen wachsen die Korallen immer weiter.

ATOLL
Der Vulkan befindet sich unter der Meeresoberfläche, während oberirdisch nur ein ringförmiges Korallenriff verbleibt: ein vollständiges Atoll, das im Inneren eine Lagune einschließt.

KORALLENBLEICHE

Korallenriffe bedecken zwar weniger als 0,1 % des Meeresbodens, beherbergen aber 25 % aller bekannten marinen Arten und zählen weltweit zu den Ökosystemen mit der größten Biodiversität. Sie bieten bis zu 60 000 Arten, wie tropischen Fischen, Kopffüßern und Krebstieren, Heimat, Nahrung und Laichgründe. Rund um den Globus stellen sie eine Nahrungs- und Einkommensquelle für Küstenbewohner dar und dienen ferner als natürliche Wellenbrecher, welche die Küsten über Tausende von Kilometern vor den Auswirkungen von Stürmen und Erosion schützen.

Da der Mensch das System Erde immer stärker beeinflusst, sind diese wichtigen Ökosysteme inzwischen stark bedroht. Im Lauf der letzten 30 Jahre ist weltweit die Hälfte aller tropischen Korallenriffe verschwunden – Gründe sind Meeresverschmutzung, Überfischung und nicht nachhaltige Nutzung von Küstenbereichen. Und jetzt trägt der Klimawandel zusätzlich zur Gefährdung der Korallenriffe bei.

Die meisten Korallenarten leben in Symbiose mit winzigen Einzellern, sogenannten Zooxanthellen. Diese leben im Inneren des Korallenpolypen, betreiben Fotosynthese und versorgen den Polypen mit Nährstoffen. Bei steigender Temperatur bilden die Zooxanthellen toxische Verbindungen, weshalb die Korallenpolypen sie ins Meer abstoßen. Da die Farbenpracht tropischer Korallen auf den Zooxanthellen beruht, erscheinen die Korallen danach farblos und «ausgeblichen». Bereits eine Temperaturerhöhung von 1 °C reicht aus, um eine Bleiche auszulösen. Wenn sich das Wasser dann innerhalb einiger Wochen wieder abkühlt, können die Zooxanthellen die Korallen wiederbesiedeln. Dauert die Temperaturerhöhung jedoch an oder passiert zu häufig, so sterben die Korallen ab.

Inzwischen kommt es immer häufiger zu Korallenbleichen. Mit den Korallenriffen verschwinden auch die Organismen, die von ihnen abhängen. Selbst wenn der Klimawandel auf 1,5 °C begrenzt werden kann, werden bis 2050 schätzungsweise 70 % der Korallen weltweit verloren sein. Bei einem Temperaturanstieg von 2 °C werden in diesem Zeitraum fast alle Korallenriffe der Welt verschwinden.

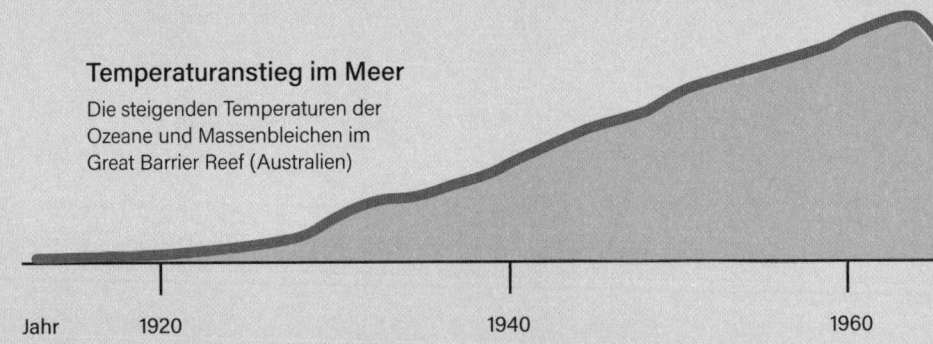

Temperaturanstieg im Meer

Die steigenden Temperaturen der
Ozeane und Massenbleichen im
Great Barrier Reef (Australien)

Jahr   1920   1940   1960

GREAT BARRIER REEF

Das Great Barrier Reef vor der Nordostküste Australiens ist
etwa 500 000 Jahre alt und das größte Korallenriffsystem
der Welt. Es bedeckt eine Fläche von rund 340 000 km².
Wie bei anderen Korallenriffen hat die globale Erwärmung
auch auf dieses Ökosystem katastrophale Auswirkungen.
Es ist inzwischen 1,5 °C wärmer als vor 150 Jahren. Aufgrund der steigenden Meerestemperaturen hat es in den
letzten 24 Jahren sechs Massenkorallenbleichen erlebt;
inzwischen finden diese verheerenden Ereignisse immer
häufiger statt.

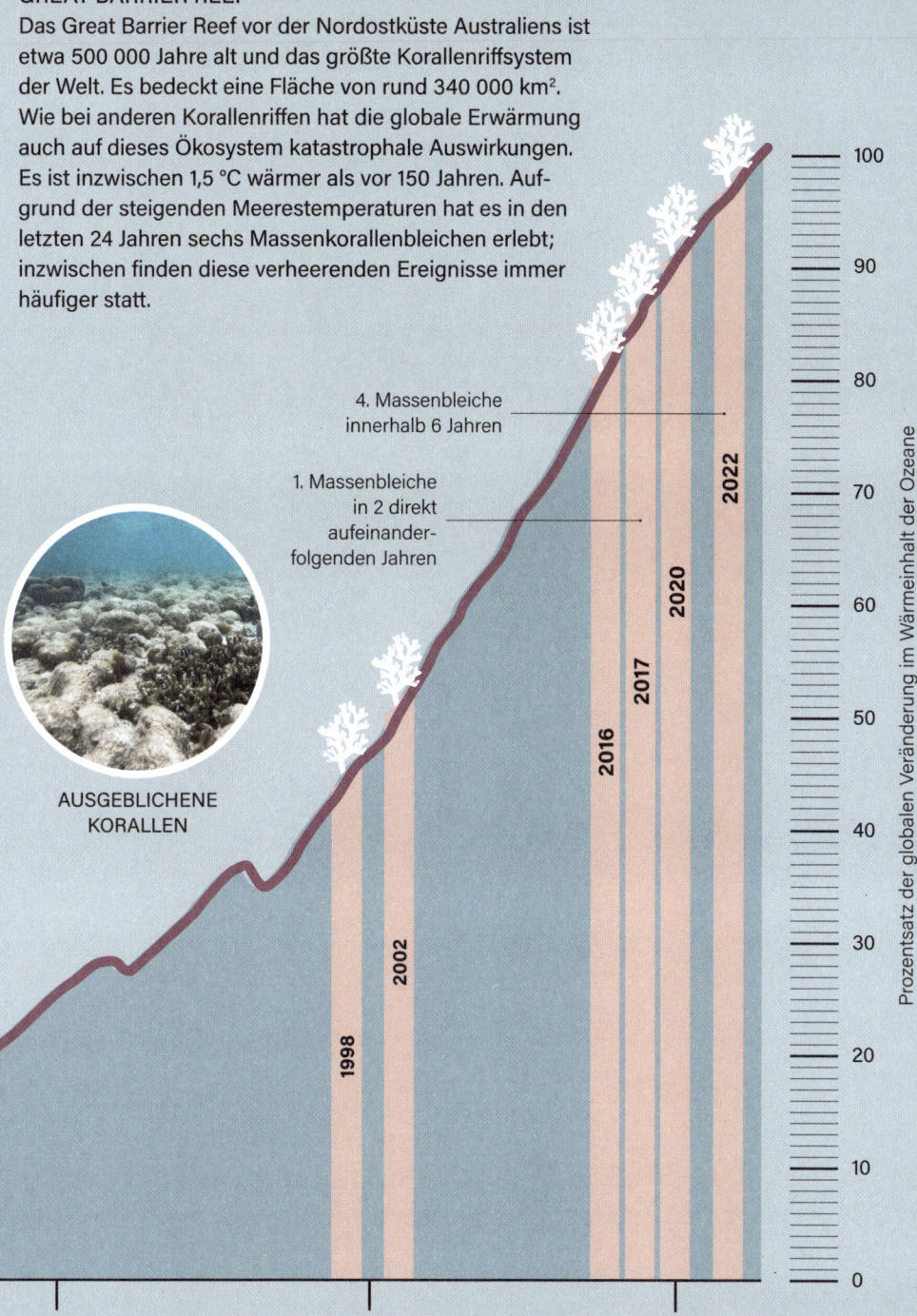

4. Massenbleiche
innerhalb 6 Jahren

1. Massenbleiche
in 2 direkt
aufeinander-
folgenden Jahren

2022

2020

2017

2016

2002

1998

AUSGEBLICHENE
KORALLEN

Prozentsatz der globalen Veränderung im Wärmeinhalt der Ozeane

100

90

80

70

60

50

40

30

20

10

0

1980

2000

2020

AUF DEM WEG NACH OBEN

Einige Pflanzen schießen anscheinend im Nullkommanichts in die Höhe, andere scheinen sich überhaupt nicht zu verändern. Das Pflanzenwachstum einer Art wird durch viele Faktoren beeinflusst, wie Standort, Klima, Lichtverhältnisse, Niederschläge und Alter. So wachsen jüngere Pflanzen im Allgemeinen schneller als ältere, und an feuchten, warmen Standorten wachsen Pflanzen vergleichsweise rascher als an kalten, trockenen Orten.

Viele Sukkulenten sind extrem langsamwüchsig – eine Anpassung an das Leben in einer Umwelt, die arm an Ressourcen ist. Ein derartiger Lebensraum ist die Sonora-Wüste in Arizona (USA), wo der Saguaro-Kaktus heimisch ist. In den ersten acht Jahren wächst der Kaktus nur 0,05 mm pro Tag, danach wechseln die Wachstumsraten je nach Umständen. Wenn sich der Saguaro-Kaktus verzweigt, erreicht er die größte Wachstumsrate – doch dann ist er im Normalfall schon 50–100 Jahre alt.

«Teufelzwirne» (Gattung *Cuscuta*) werden zwar nicht groß und stark, doch ihre Triebe können trotzdem 15 cm pro Tag wachsen. Teufelszwirn, auch Seide genannt, zählt zu den Vollparasiten. Die Pflanzen entziehen ihrem Wirt über spezielle Saugorgane (Haustorien) Wasser und Nährstoffe. Da sie alles zum Leben Notwendige von ihrem Wirt schmarotzen, bilden sie

Tägliche Wachstumsrate bei Pflanzen

0,05 mm	1 mm	1 mm	2,5 mm
SAGUARO-KAKTUS	LEBENSBAUM	BOGENHANF	EUKALYPTUS

fast kein Chlorophyll (Blattgrün), die Blätter sind zu winzigen Schuppen reduziert, auch Wurzeln fehlen. Sie winden sich um die Wirtspflanzen, zu denen auch wichtige Nutzpflanzen zählen, und können diese fast «ersticken».

Am anderen Ende des Spektrums steht mit einer Wachstumsrate von 1 m pro Tag der Moso-Bambus aus China; er zählt zu den schnellwüchsigsten Pflanzen der Erde. Bambuspflanzen sind keine Bäume, sondern Gräser, Bambusschösslinge sind also Grashalme. Der Moso-Bambus wächst von Natur aus in dichten Wäldern, in denen eine starke Lichtkonkurrenz die Pflanzen zum raschen Emporschießen zwingt. Beim Moso-Bambus treiben jeweils einzelne Halme aus, die unterirdisch aus einem Rhizom (unterirdischem Spross) entspringen. Dieses ist Teil der Mutterpflanze und versorgt den wachsenden Halm mit Nährstoffen, sodass er keine eigenen Blätter benötigt, bis er seine volle Höhe erreicht hat und sein Wachstum abschließt.

1 m

150 mm

10 mm

10 mm

SONNENBLUME

SCHWARZ-PAPPEL
ZUCHTFORM
'ITALICA'

CUSCUTA JAPONICA
(Agrarschädling)

MOSO-BAMBUS

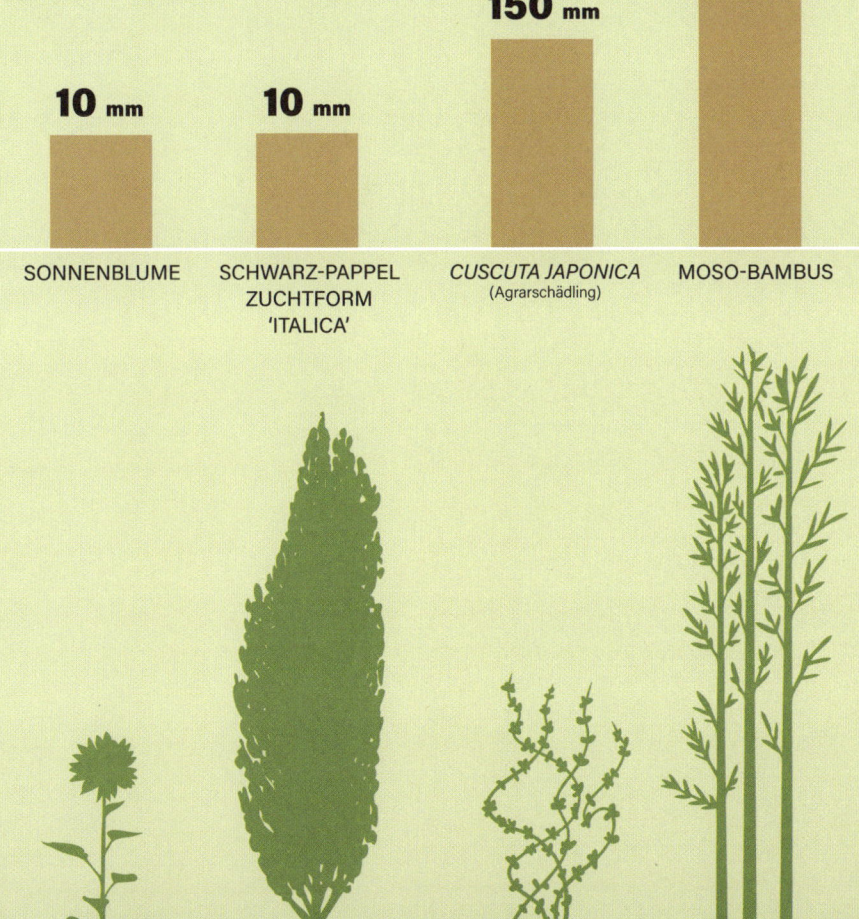

DAS TURBO-WACHSTUM DER WASSERLINSEN («ENTENGRÜTZE»)

Wachstum ist relativ. Das tägliche Längenwachstum eines kleinen Bonsai-baums wirkt im Vergleich zu dem eines Moso-Bambus unbedeutend. Wenn man jedoch die Gesamtgröße einer Pflanze in Betracht zieht und anstelle des absoluten das relative Wachstum betrachtet, sieht die Sache schon anders aus. Einige der schnellwüchsigsten Pflanzen sind tatsächlich sehr klein.

Wer jemals versucht hat, einen Gartenteich sauber zu halten, wird die Bekanntschaft von Wasserlinsen («Entengrütze») gemacht haben – winzigen Schwimmpflanzen, die eine Teichfläche in kürzester Zeit vollständig zuwuchern können. Die Wasserlinsengewächse zählen zu den schnellwüchsigsten Blütenpflanzen überhaupt. *Wolffia australiana* (eine australische Zwergwasserlinse) teilt sich alle 1–2 Tage und kann so, ausgehend von einem einzigen «Sprossglied», einen Teich innerhalb weniger Wochen vollständig bedecken. Um dieses Turbo-Wachstum zu erzielen, beschränken die Pflanzen sich auf das Nötigste, besitzen keine Wurzeln (ähnlich wie *Cuscuta*), sondern nur winzige Sprossglieder (keine echten Blätter!). 2021 ergab eine DNA-Analyse von *W. australiana*, dass sie im Vergleich zu anderen Pflanzen weniger Gene besitzt, die durch circadiane Rhythmik (Hell-Dunkel-Zyklus) reguliert werden. Das heißt, dass sie nachts weiterwachsen kann, was wiederum das Wachstum beschleunigt.

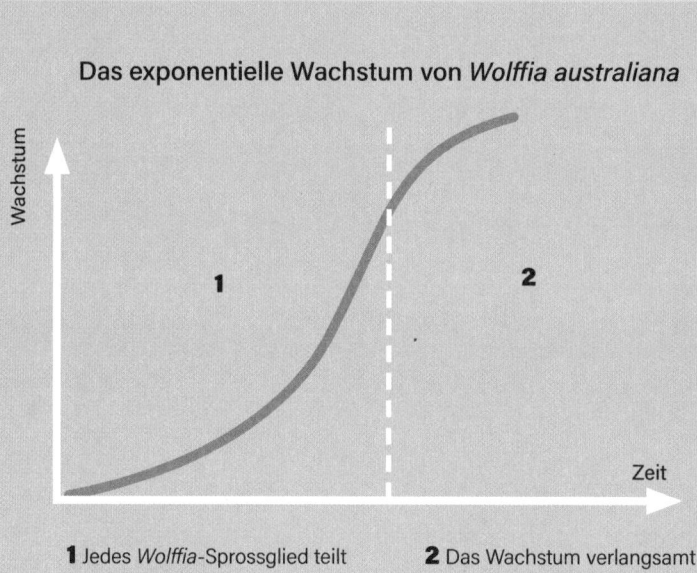

Das exponentielle Wachstum von *Wolffia australiana*

Wachstum

1

2

Zeit

1 Jedes *Wolffia*-Sprossglied teilt sich alle paar Tage einmal. In der frühen Wachstumsphase erfolgt das Wachstum schnell und exponentiell.

2 Das Wachstum verlangsamt sich, wenn die Dichte der Pflanzen zunimmt und sie um Ressourcen konkurrieren.

DAS PFLANZENWACHSTUM BESCHLEUNIGEN

Weltweit sucht man nach Wegen, um das Wachstum von Nutzpflanzen zu beschleunigen. Inzwischen versucht die Forschung, direkt an der Fotosynthese anzusetzen.

Während der Fotosynthese nutzen Pflanzen Sonnenlicht, um aus Kohlendioxid und Wasser Zucker zu synthetisieren, der in weitere Nährstoffe umgebaut werden kann. Dabei können aber auch Produkte entstehen, die für die Pflanze giftig (toxisch) sind. Es kostet die Pflanze Energie, diese abzubauen, was zu geringerem Wachstum führt. Wissenschaftlern aus den USA gelang es 2019, die Fotosynthese bei Tabakpflanzen gentechnisch derart zu modifizieren, dass dabei weniger giftige Nebenprodukte entstanden, die Biomasse im Vergleich zu normalen Tabakpflanzen aber um 40 % erhöht war. Inzwischen versucht man, diese Technik auf andere Kulturpflanzen, wie Sojabohnen, Reis und Kartoffeln, zu übertragen.

TABAKPFLANZE

Wasserlinsen kommen auf vielen Teichen vor. Es gibt etliche Arten, darunter *W. australiana,* deren Sprossglieder unter 1 mm lang sind.

REGENERATION BEI TIEREN

Unter unseren Organen ist die menschliche Leber in einer Hinsicht ungewöhnlich, denn sie kann sich selbst dann zu normaler Größe regenerieren,
wenn der größte Teil entfernt wurde. Eindrucksvoll, aber nicht unzerstörbar,
denn Erkrankungen wie Tumoren oder Hepatitis können die Leber irrepa-
rabel schädigen. Doch tatsächlich existieren in der Tierwelt echte «Wolve-
rines» – nicht nur in X-Men.

   Die Liste wird vom Axolotl aus Mexiko angeführt. Dieser Schwanzlurch
(siehe Seite 126/127) kann Teile von Organen, wie Herz und Rückenmark,
sowie vollständige Gliedmaßen regenerieren. Diese Eigenschaft bleibt
lebenslang erhalten, das Ersatzorgan ist eine genaue Kopie des Originals.
Eidechsen können hingegen Arme und Beine nicht neu bilden, wohl aber
ihren Schwanz. Der nachgewachsene Eidechsenschwanz besitzt dieselbe
Funktion wie der ursprüngliche, ist aber eine vereinfachte Version und wird
über einen anderen Mechanismus gebildet.

Regeneration einer Hand beim Axolotl

MINUTEN   STUNDEN BIS TAGE

**FUNKTIONS-
FÄHIGE HAND**
Der Axolotl besitzt
4 Zehen an den Vor-
derfüßen (Hand) und
5 an den Hinterfüßen.
Sie enthalten verschie-
denste Zellen, wie
Haut-, Knochen- und
Knorpelzellen.

VERLETZUNG
Eine Hand wird
abgetrennt.

BLUTGERINNUNG
Die Wunde wird durch
sogenannte Thrombo-
zyten oder Blutplätt-
chen (ein Zelltyp) und
Fibrin (Eiweißfasern)
verschlossen. Dadurch
wird die Blutung
gestillt.

WUNDHEILUNG
Hautzellen teilen sich
und bedecken den
Stumpf.

Gliedmaßen bestehen aus einer Vielzahl von Gewebetypen, wie Knochen, Knorpel und Muskeln, die auf genau festgelegte Weise organisiert sind. Wenn ein Glied nachwachsen soll, müssen all diese Gewebe gebildet und an Ort und Stelle richtig zusammengefügt werden. Beim Axolotl verläuft die Regeneration von Gliedmaßen über eine Reihe unterschiedlicher Stadien.

- Haut
- Knochen
- Knorpel
- Muskel
- Stammzellen

REGENERATIVE THERAPIEN

Die Wissenschaft kann viel vom Axolotl lernen. Daher untersucht man die zellulären und molekularen Veränderungen, die mit der Regenerierung der Gliedmaßen einhergehen, in der Hoffnung, regenerative Therapien für Menschen zu entwickeln. Wie sich z. B. zeigte, spielen Makrophagen (bestimmte Immunzellen) eine Schlüsselrolle: Waren sie eliminiert, so fand keine Regeneration der abgetrennten Extremität statt, sondern es bildete sich nur Narbengewebe. Therapien, die eine Steigerung der Makrophagenaktivität bewirken, könnten sich daher als nützlich erweisen.

TAGE BIS WOCHEN   WOCHEN   1 MONAT NACH VERLETZUNG

BLASTEM-BILDUNG
Es bildet sich ein kegelförmiges sogenanntes Blastem. Innerhalb dieser Organanlage wandeln sich ausgereifte Zellen, wie Knochen-, Knorpel- und Muskelzellen, in ein embryonaleres Stadium zurück, in dem sie sich teilen und neues Gewebe bilden können.

NACHWACHSEN DER HAND
Die Neubildung von Haut, Knochen, Knorpel und Muskeln erfolgt. Die Bildung von Fingern beginnt, und die Hand gewinnt ihre ursprüngliche Form wieder.

FUNKTIONS-FÄHIGE HAND
Die nachwachsende Struktur entwickelt sich zu einer perfekten Kopie der verschwundenen Hand. Sie ist über Nerven und Blutgefäße mit dem Rest des Körpers verbunden.

REGENERATION VON KÖRPERTEILEN BEI WIRBELLOSEN

Auch viele Wirbellose (Tiere ohne Wirbelsäule) verfügen über eine beachtliche Regenerationsfähigkeit. Spinnen, Seesterne, Seegurken, einige Plattwürmer und andere können Teile und manchmal ihren gesamten Körper regenerieren.

PLANARIEN

ZEITSPANNE: 4 Wochen

Die Planarien, eine Ordnung kleiner, abgeflachter Plattwürmer mit weichem Körper, regenerieren sich binnen weniger Wochen: Nach Zerstückelung des Körpers wächst aus jedem Stück ein neues Tier. Dabei wird die Polarität beibehalten, d. h., am «Kopfende» eines Teilstücks wächst wieder ein Kopf, am «Schwanzende» ein neues Hinterteil.

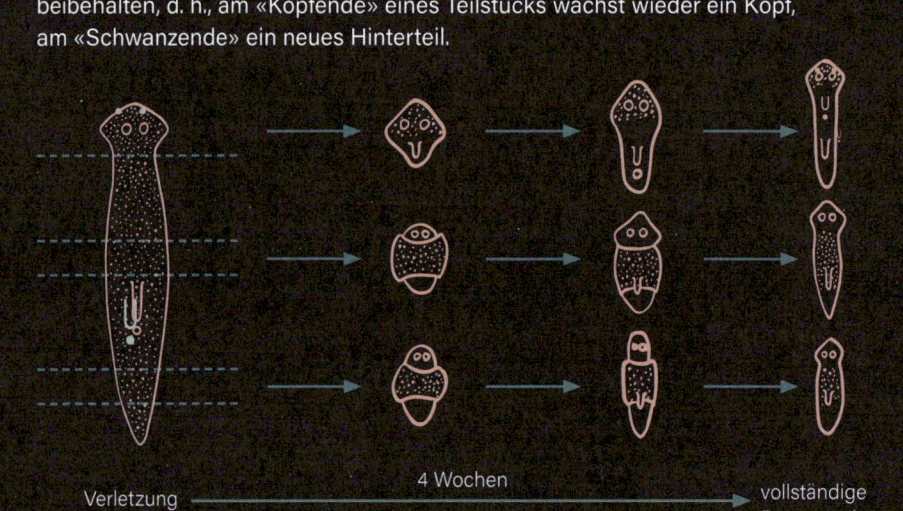

Verletzung ——————— 4 Wochen ——————→ vollständige Regeneration

SPINNEN

ZEITSPANNE: Tage bis Monate

Spinnen besitzen ein festes Außenskelett und können daher nicht wachsen, ohne sich zu häuten. Da die Anzahl der Häutungen festgelegt ist, kann beim Verlust eines Beines nur dann ein neues Bein nachwachsen, wenn noch eine oder mehr Häutungen möglich sind. Das neue Bein ist oft dünner und kürzer als das ursprüngliche, und erst nach 2 oder 3 Häutungen ist es wieder so groß wie das Original.

SEESTERN

ZEITSPANNE: bis zu 1 Jahr

Seesterne – es gibt rund 2000 Arten – können einzelne Arme und manchmal sogar den gesamten Körper regenerieren. Das Ausmaß der Regeneration, die auf verschiedenen Wegen zustande kommen kann, ist variabel.

Der verletzte Seestern besitzt noch die Zentralscheibe und einen großen Teil seines Körpers. Er kann fressen und sich bewegen, während die beiden fehlenden Arme nachwachsen.

A Jeder Arm enthält einen Satz lebenswichtiger Organe, einige lichtempfindliche Zellen sowie Füßchen, mit deren Hilfe das Tier sich bewegen kann.

B Die Zentralscheibe enthält die Mundöffnung und das Verdauungssystem.

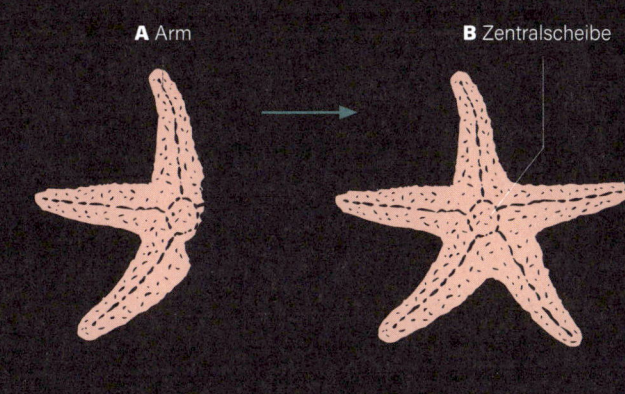

A Arm **B** Zentralscheibe

Ein einzelner abgetrennter Arm, jedoch mit Zentralscheibe samt Mund und Magen. Er ist noch in der Lage zu fressen und zu verdauen, während der Rest des Körpers nachwächst.

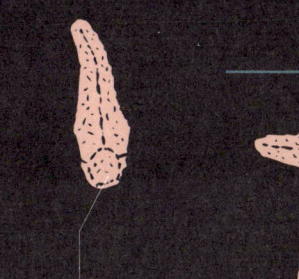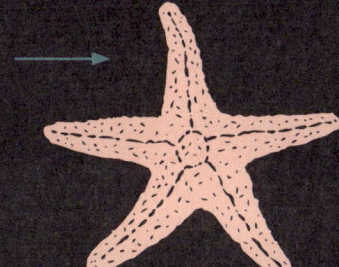

B Zentralscheibe

Ein einzelner abgetrennter Arm, jedoch ohne Zentralscheibe und Mund. Einige tropische Seesternarten können ihren Körper trotzdem regenerieren. Das Tier überlebt, indem es sich so lange von den Nährstoffreserven im Arm ernährt, bis die Zentralscheibe nachgewachsen ist.

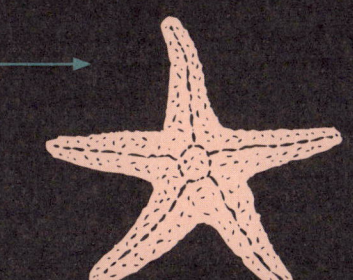

5

VERHALTENS-
BIOLOGISCHE
ZEITSPANNEN

EINLEITUNG

Wenn man aus diesem Buch eines lernen kann, dann dies: Stell dich niemals hinter einen Flusspferdbullen! Diese Kolosse haben die bizarre Angewohnheit, gleichzeitig Urin und Kot abzusetzen, während sie ihren Schwanz wie einen Propeller rotieren lassen, um ihr duftendes Präsent so flächendeckend wie möglich zu verteilen. Die Bullen wollen damit ihre Dominanz unterstreichen, ihr Revier markieren und eine Geschlechtspartnerin gewinnen – und da sage man, es gäbe keine Romantik mehr! Dieses Verwirbeln von Kot *(dung showering)* ist besonders ausgeprägt in der Paarungszeit, die gewöhnlich zwischen Februar und August liegt, wenn die Weibchen für einen kurzen Zeitraum von 3 Tagen den Gipfel ihrer Fruchtbarkeit erreichen.

Das ist *ein* Beispiel für das reiche und breite Spektrum von Verhaltensweisen, die in der Natur weit verbreitet sind. Am Himmel nutzen Insekten und Vögel kräftige Luftströmungen für ihre langen und abenteuerlichen Wanderungen, die monatelang dauern können. Im Wasser tragen männliche Wasserwanzen ihren noch ungeschlüpften Nachwuchs wochenlang auf dem Rücken, um das Gelege zu schützen, und ein Kugelfischmännchen verbringt unter Umständen Tage damit, ein kreisförmiges Kunstwerk im Sand zu schaffen, um eine Geschlechtspartnerin anzulocken. Und wir sollten auch nicht vergessen, dass Pflanzen ebenfalls Verhaltensreaktionen zeigen. Wenn Pflanzen in Richtung Licht wachsen, setzen sie chemische Verbindungen frei, um mit ihren Nachbarn zu kommunizieren, oder sie lassen spezialisierte Blätter zuschnappen, um Insekten zu fangen. Pflanzen reagieren auf Veränderungen in ihrer Umwelt.

Verhalten ist die Art und Weise, wie Lebewesen auf ihre Umgebung reagieren; daher zeigen alle Lebewesen Verhalten. Ein Teil dieses Verhaltens ist auf genetischer Ebene vorprogrammiert; es ist ererbt und wird als «angeborenes» Verhalten bezeichnet. Beispielsweise wissen Webspinnen instinktiv, wie man ein Netz baut. Sie müssen diese Kunst nicht erst erlernen.

Im Gegensatz dazu sind «erlernte» Verhaltensweisen bei der Geburt noch nicht ausgebildet und müssen eingeübt werden. Erdmännchen zum Beispiel verbringen Stunden damit, ihren Jungen beizubringen, wie man mit gefährlichen Skorpionen umgeht. Lassen Sie uns die wunderbare Welt des tierischen und pflanzlichen Verhaltens entdecken!

Junge Erdmännchen lernen von ihren Eltern, wie man nach Nahrung sucht, und diese legen ihnen manchmal auch tote Skorpione vor.

SCHLAFGEWOHNHEITEN

Von Taufliegen bis zum Menschen brauchen die meisten Geschöpfe Schlaf, doch Schlafdauer und -typ variieren je nach Art beträchtlich. Von allen Säugetieren benötigen Koalas den meisten Schlaf (bis zu 22 Stunden pro Tag), Giraffen hingegen am wenigsten (weniger als 30 Minuten pro «Nickerchen»). Pythons schlafen 18 Stunden lang, doch Forscher sind sich nicht einig, ob der Nordamerikanische Ochsenfrosch überhaupt schläft. Mauersegler schlafen im Flug: Die eine Hälfte ihres Gehirns schläft, während die andere wach bleibt. Im Schlaf wird der Glykogenspeicher wieder aufgefüllt; Glykogen ist eine Speicherform von Glucose und unterstützt die Hirnfunktion. Wie die Forschung gezeigt hat, sterben Menschen, Ratten, Fliegen und Schaben, wenn man ihnen längere Zeit den Schlaf entzieht.

KATZEN 16–18 Stunden

POTTWALE 10–15 Minuten
Schlafen in aufrechter Position an der Oberfläche, im Wasser dümpelnd. Man nimmt an, dass sie von allen Säugetieren am wenigsten Schlaf brauchen – weniger als 10 % ihrer Tagesaktivität.

KOALAS 22 Stunden
Diese Beuteltiere gehören zu den schläfrigsten Tieren auf der Erde.

GÜRTELTIERE 16 Stunden

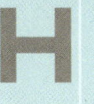

FREGATTVÖGEL 45 Minuten
Im Flug schlafen Fregattvögel bis zu 45 Minuten pro Tag in 10-Sekunden-Kurzschlafphasen. An Land schlafen sie 1 Minute am Stück für insgesamt bis zu 12 Stunden pro Tag.

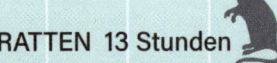

RATTEN 13 Stunden

Stunden

9.00   10.00   11.00   12.00   13.00   14.00   15.00   16.00   17.00   18.00   19.00   20.00

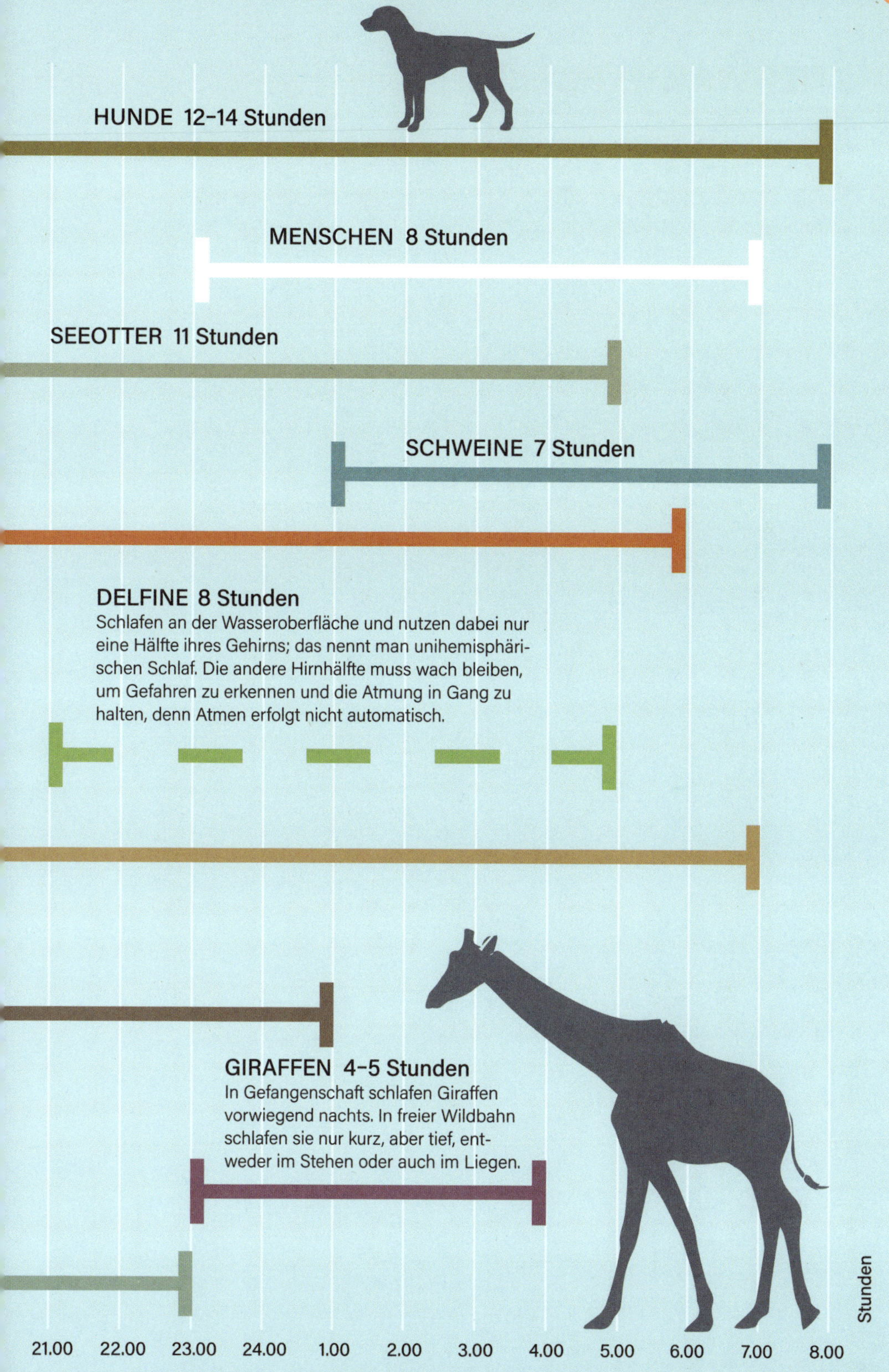

HUNDE 12–14 Stunden

MENSCHEN 8 Stunden

SEEOTTER 11 Stunden

SCHWEINE 7 Stunden

DELFINE 8 Stunden
Schlafen an der Wasseroberfläche und nutzen dabei nur eine Hälfte ihres Gehirns; das nennt man unihemisphärischen Schlaf. Die andere Hirnhälfte muss wach bleiben, um Gefahren zu erkennen und die Atmung in Gang zu halten, denn Atmen erfolgt nicht automatisch.

GIRAFFEN 4–5 Stunden
In Gefangenschaft schlafen Giraffen vorwiegend nachts. In freier Wildbahn schlafen sie nur kurz, aber tief, entweder im Stehen oder auch im Liegen.

Stunden

| 21.00 | 22.00 | 23.00 | 24.00 | 1.00 | 2.00 | 3.00 | 4.00 | 5.00 | 6.00 | 7.00 | 8.00 |

TIERWANDERUNGEN

Manchmal unternehmen die kleinsten Tiere die größten Reisen. Viele Tiere wandern über große Strecken und über lange Zeitabschnitte, um lebenswichtige Ressourcen, wie Nahrung und Geschlechtspartner, zu finden. Der Distelfalter ist ein gutes Beispiel. Er wiegt weniger als 1 g, hat ein Gehirn von der Größe eines Stecknadelkopfs, keine Gelegenheit, von älteren Generationen zu lernen, und vollbringt dennoch eine erstaunliche Leistung.

Der lange und abenteuerliche Zug des Distelfalters

Mehrere Faltergenerationen sind nötig, um den nach Norden gerichteten Teil der Wanderung zurückzulegen. Im Frühjahr ziehen die Tiere von Nordafrika nach Europa. Sie fliegen niedrig und legen Pausen ein und rasten, um sich fortzupflanzen, wenn es reichlich Futterpflanzen gibt.

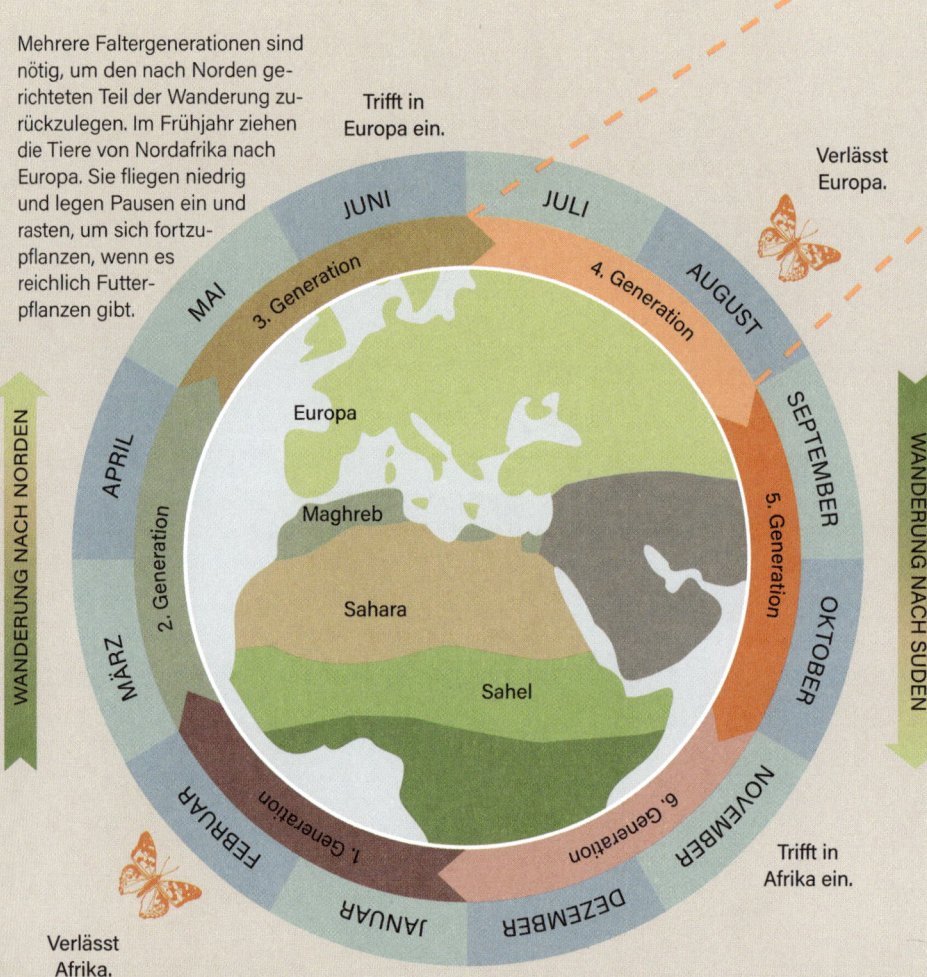

Trifft in Europa ein.

Verlässt Europa.

Verlässt Afrika.

Trifft in Afrika ein.

Eine einzige Schmetterlingsgeneration ist für den größten Teil der Herbstmigration verantwortlich, die 4000 km zurück nach Süden führt. Von Europa aus überqueren die Falter das Mittelmeer, dann den Maghreb, die Sahara und den Sahel, bevor sie ihr weiter südlich gelegenes Winterquartier erreichen.

SCHMETTERLING

EI

Der Lebenszyklus des Distelfalters dauert 1–2 Monate.
Erwachsene Falter leben
3–4 Wochen.

PUPPE

RAUPE

Jedes Jahr unternehmen Distelfalter eine 14 500 km
lange Rundreise vom tropischen Afrika nach Europa und
wieder zurück. Diese Wanderung – Zoologen sprechen
von Migration – erstreckt sich über mehrere Generationen. Das heißt, dass die gesamte Zugstrecke nicht von
einem einzelnen Schmetterling zurückgelegt wird, sondern von bis zu 6 aufeinanderfolgenden Generationen,
eine nach der anderen. Die Wanderung ist so ausgerich-
tet, dass die Schmetterlinge genügend Nahrungspflanzen
für ihre Nachkommen finden.

Distelfalter

Der Zug der Distelfalter nach Norden ist Forschern
seit Jahrzehnten bekannt. Die Schmetterlinge ruhen sich
häufig aus und lassen sich auf diesem Teil ihrer Reise leicht
beobachten, aber niemand wusste, was mit den Schmetterlingen nach
ihrer Ankunft in Europa geschah. Manche Experten nahmen an, sie würden
dort einfach sterben. Man hat inzwischen herausgefunden, dass das nicht
stimmt. Lange Zeit blieb die Rückwanderung nach Süden unbemerkt, weil
sie in großer Höhe erfolgt und die Schmetterlinge vom Boden aus nicht zu
sehen sind. Sie fliegen in Höhen von mehr als 500 m und können durch
Ausnutzen günstiger Windströmungen eine Geschwindigkeit von 50 km pro
Stunde erreichen.

WEITERE ERSTAUNLICHE WANDERUNGEN

Insekten sind nicht die einzigen Tiere, die auf Wanderschaft gehen. Viele Vögel, Säugetiere, Fische, Reptilien, Amphibien und Krebstiere (Crustaceen) unternehmen ebenfalls Wanderungen. Diese finden in der Luft, über Land und im Wasser statt, und sie alle dauern unterschiedlich lang und führen zu unterschiedlichen Zielen.

Dauer der Wanderung

10 Monate
MAUERSEGLER

Abgesehen von 2 Monaten in Europa, in denen die Jungen schlüpfen und das Brutgeschäft erledigt wird, ist das Leben für Mauersegler eine einzige große Wanderung. Während der 10 Monate, die sie brauchen, um Europa zu verlassen, nach Afrika zu fliegen und anschließend wieder nach Europa zurückzukehren, befinden sie sich fast ständig in der Luft. Sie fressen, paaren sich, mausern und schlafen im Flug. Mauersegler können ein Alter von 21 Jahren erreichen, daher kann ein einzelner Vogel in seinem Leben mehr als 1 000 000 km zurücklegen.

2–4 Jahre
LACHS

Lachse wandern in die entgegengesetzte Richtung wie Aale. Die Fische verbringen den größten Teil ihres Erwachsenenlebens im Meer, kehren aber zum Laichen ins Süßwasser zurück. Die zeitliche Länge der Wanderungen ist unterschiedlich, doch manche Lachse brauchen mehrere Jahre, um die vielen Tausend Kilometer zu ihren Laichgründen zurückzulegen.

2–12 Monate
AAL

Aale wandern in die entgegengesetzte Richtung wie Lachse. Sie ziehen von ihren Nahrungsgründen in europäischen Flüssen, wo sie als erwachsene Fische leben, in ihre Laichgründe in der Sargassosee, eine Reise von mehr als 4800 km. Wie Markierungsstudien gezeigt haben, nehmen einige Aale dabei die schnellste und kürzeste Route, während sich andere mehr Zeit lassen, eine längere und stärker mäandernde Route einschlagen und erst in der übernächsten Laichzeit ablaichen.

1–2 Monate
BUCKELWAL

Buckelwale leben in Meeren rund um den Globus. Sie haben viele Wanderrouten und pendeln regelmäßig zwischen krillreichen, kälteren Nahrungsgründen und wärmeren Fortpflanzungsgründen. Im Nordpazifik legen manche Buckelwale zwischen Alaska und Hawaii innerhalb von nur vier Wochen 5000 km zurück. Unterdessen brauchen Buckelwale, die auf der Südhalbkugel von ihren Nahrungsgründen in der Antarktis zu ihren Fortpflanzungsgründen an der Süd-, Ost- und Westküste von Australien wandern, ein paar Monate für ihre Reise.

2 Tage–2 Wochen
LANGUSTE

Wenn sich die flachen kalifornischen Küstengewässer abkühlen, reihen sich die Kalifornischen Langusten wie bei einer Polonaise auf und marschieren, eine direkt hinter der anderen, in wärmere, tiefere Wasserschichten. Solche Langustenprozessionen können mehrere Hundert Tiere umfassen, die alle mit ihren Antennen «Tuchfühlung» halten. Man nennt das «Vertikalwanderung», siehe Felsengebirgshuhn.

2 Wochen
FELSENGEBIRGSHUHN

Felsengebirgshühner leben in den Höhenlagen der Rocky Mountains in Nordamerika. Im Frühjahr wandern sie innerhalb einiger Wochen aus den höher gelegenen Nadelwäldern ein paar Hundert Meter tiefer in ihre Brutgebiete, die in Laub- und Mischwäldern mit Lichtungen liegen. Diese Vertikalwanderung gehört zu den kürzesten Wanderungen in der Natur, sowohl, was die Zeit, als auch, was die Distanz angeht.

KEINE ZEIT ZU STERBEN

Die Killer in freier Natur sind ebenso hinterhältig wie tödlich. Parasiten und Beutegreifer (Prädatoren) haben ganz unterschiedliche Tötungsstrategien entwickelt. Manche Opfer sterben langsam und schleichend, bei anderen kommt der Tod barmherzig rasch. Wenn Ihnen der Gedanke an eine Hauskatze, die einer Maus den Kopf abbeißt, den Magen herumdreht, dann warten Sie, bis Sie die Geschichte von den meuchlerischen Pilzen (wie *Ophiocordyceps unilateralis*) hören, die ihre Beute in Zombies verwandeln.

D DURCH ZOMBIFIZIERUNG
t bis zum Todeseintritt:
'oche

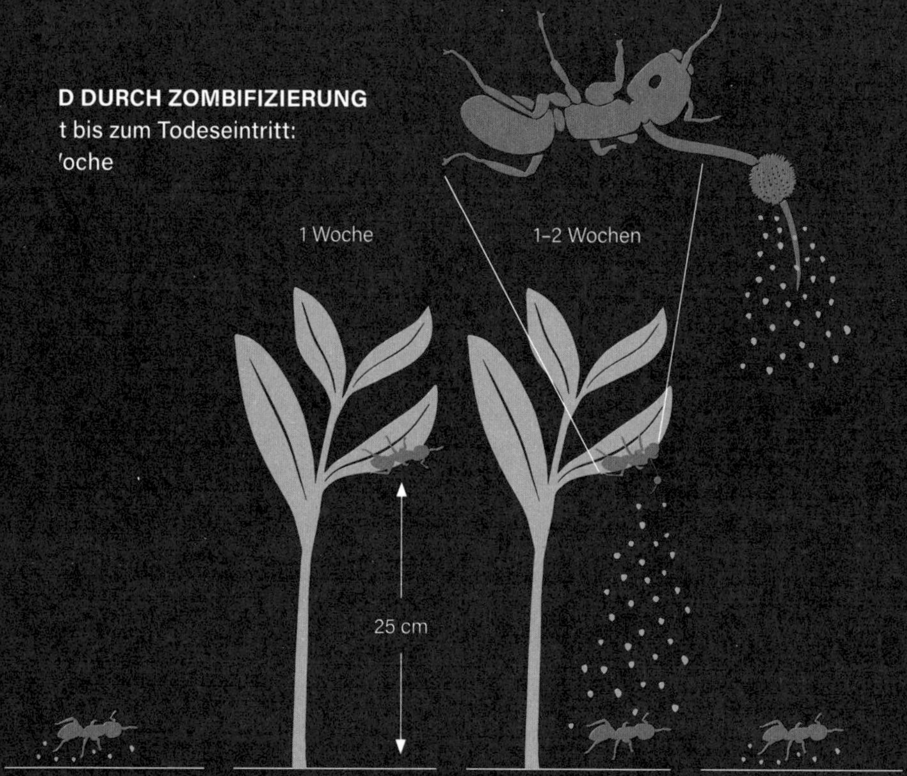

1 Woche

1–2 Wochen

25 cm

INFEKTION
Auf der Suche nach Nahrung passiert eine Rossameise ein Fleckchen Waldboden, das mit Pilzsporen kontaminiert ist. Diese Sporen setzen ein Enzym frei, das den Chitinpanzer der Ameise durchdringt, sodass der Pilz ins Körperinnere der Ameise gelangt.

VERHALTENS-KONTROLLE
Der Pilz steuert das Verhalten der Ameise. Er sorgt dafür, dass die Ameise eine nahe gelegene Pflanze erklimmt und sich in einem Blatt 25 cm über dem Boden verbeißt; dort sind Temperatur und Feuchtigkeit für die Entwicklung des Pilzes optimal. Anschließend stirbt die Ameise.

«VERDAUUNG» DER AMEISE VON INNEN UND SPORENPRODUKTION
Der Pilz verdaut die inneren Organe der Ameise und entwickelt einen langen, gestielten Fruchtkörper, der aus dem Kopf der Ameise wächst und dann Sporen bildet, die auf den Waldboden fallen.

INFEKTION
Die Sporen warten auf die nächste Ameise, die zufällig vorbeikommt. Wenn die Ameise über die Pilzsporen läuft, beginnt der Zyklus von Neuem.

TOD DURCH STROMSCHLAG
Zeit bis zum Todeseintritt: Millisekunden

Der Schwanz eines Zitteraals kann einen elektrischen Spannungsstoß von 600 Volt erzeugen, der die Beute betäubt und bewegungsunfähig macht. Der Zitteraal sendet zudem sporadisch elektrische Stöße aus, die dazu führen, dass sich die Muskeln potenzieller Opfer unwillkürlich zusammenziehen und dadurch dessen Position im Wasser verraten.

TOD DURCH ZUNGENSCHUSS
**Zeit bis zum Todeseintritt:
weniger als 1 Sekunde**

Chamäleons schleudern ihre lange, an der Spitze superklebrige Zunge aus, um Insekten in weniger als 1 Sekunde zu fangen. Die Zunge eines Chamäleons kann in einer Hundertstelsekunde von 0 auf 95 km pro Stunde beschleunigen und ist damit schneller als ein Sportwagen.

TOD DURCH ERSTECHEN
Zeit bis zum Todeseintritt: Sekunden

Louisianawürger (ähnlich unserem Raubwürger) haben einen scharfen, hakenförmigen Schnabel, den sie in den Kopf oder Hals ihrer Beutetiere stoßen. Dann schütteln sie ihr Opfer heftig, was zu Verletzungen führt, die dem Peitschenschlag-Syndrom ähnlich sind. Anschließend spießen sie noch nicht vertilgte Beute zwecks Aufbewahrung auf einem Dorn oder Stacheldraht auf.

TOD DURCH ERWÜRGEN
Zeit bis zum Todeseintritt: Minuten

Die Abgottschlange *(Boa constrictor)* umschlingt ihre Beute und drückt sie so stark zusammen, dass die Blutzirkulation im Körper unterbrochen wird. Das Opfer verliert innerhalb von Sekunden das Bewusstsein, und wenn das Herz und andere lebenswichtige Organe versagen, tritt innerhalb von Minuten der Tod ein.

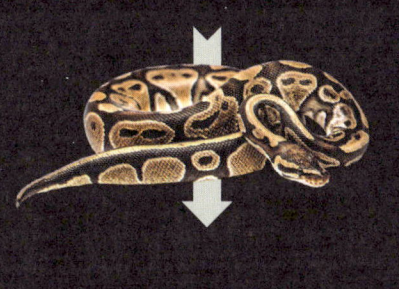

TOD DURCH VERGIFTEN
**Zeit bis zum Todeseintritt:
Minuten bis Stunden**

Schlangengifte können auf unterschiedliche Weise zum Tod führen; so können sie bspw. das Nervensystem lähmen oder innere Blutungen auslösen. Die Schwarze Mamba besitzt das am schnellsten wirkende Gift aller Schlangen. Es kann einen Menschen innerhalb von 20 Minuten töten. Das Gift der Texas-Klapperschlange tötet langsamer. Es enthält Proteine, die der Schlange erlauben, die Spur gebissener, aber geflüchteter Beutetiere per Geruch zu verfolgen.

KILLERPFLANZEN

Tiere und Pilze sind nicht die einzigen tödlichen Lebewesen. Mehr als
200 Pflanzenarten locken Beutetiere an (häufig Insekten), fangen und töten
sie. Diese Pflanzen wachsen auf nährstoffarmen Böden oder in nährstoffarmen Gewässern und haben Strategien entwickelt, um ihre Ernährung
aufzubessern. Man geht davon aus, dass sich fleischfressende Pflanzen
wenigstens 12-mal unabhängig voneinander entwickelt haben, und unterscheidet eine Handvoll verschiedener Fallentypen. Je nach Pflanze schnappt
die Falle verschieden schnell zu; die Verdauung der Beute kann sich über
Stunden oder Tage hinziehen.

WASSERSCHLAUCH

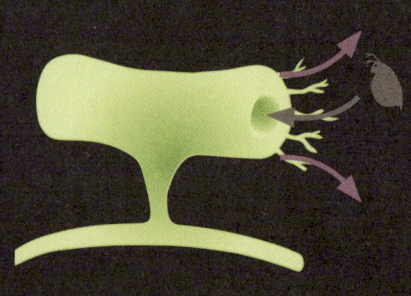

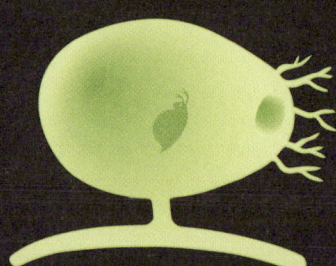

SAUGFALLE
Zeitspanne bis zum Auslösen:
0,5 Millisekunden

An den Wasserblättern von moorbewohnenden
Wasserschlaucharten sitzen blasenförmige
Fallen. Jede Falle besitzt eine kleine Klappe, die
außen von berührungsempfindlichen Auslösehärchen umgeben ist.

1 Stunde

Durch Herauspumpen von Wasser entsteht in
der Falle ein Unterdruck – sie ist einsatzbereit.
Ein Kleinkrebs, ein Wasserfloh, wagt sich zu
nahe heran.

0,5 Millisekunden

Wenn die Beute die Auslösehärchen auf der
Klappe berührt, öffnet diese sich schlagartig,
und Wasser samt Beute werden mit einer Be-
schleunigung von 600 g (g-Kraft) hineingesogen.
Die Klappe schließt sich. Der kleine Krebs wird
dann innerhalb der nächsten Stunden langsam
verdaut.

Drüsen- oder Leimt[...]

4 cm

Schnelltentakel

SONNENTAU

KOMBINATIONSFALLE
Zeitspanne bis zum Zuschnappen:
75 Millisekunden

Der nur in Südaustralien heimische Sonnentau *Drosera glanduligera* kombiniert eine raffinierte Katapultfalle mit einer Leimfalle (Katapult-Leimfalle). Deutsche Forscher konnten die Pflanze in extremer Zeitlupe filmen und zeigen, wie die Beute gefangen wird: Insekten, die unmittelbar an der Pflanze entlangkrabbeln, triggern lange, berührungsempfindliche Schnelltentakel, die ihre Beute in weniger als 1 Millisekunde auf nahe gelegene Leimtentakel schleudern. Die Beute wird dann ins Blattzentrum ge[...]

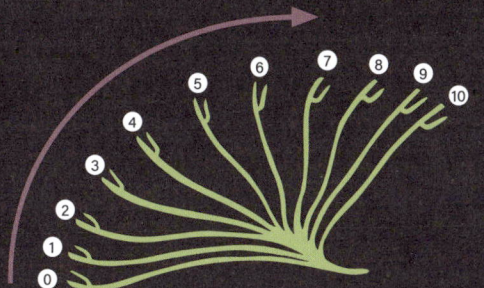

Schnelltentakel in Zeitlupe: Die peitschenartigen Tentakel erreichen Geschwindigkeiten von bis zu 17 m/s.

Geschwindigkeit (m/s)

0 1 2 3 4 5 6 7 8 9 10

Zeit (Millisekunden)

ZWERGKRUG

FALLGRUBENFALLE
Zeitspanne bis
zum Auslösen:
Minuten bis Tage

Neben ihren regulär geformten Blättern besitzt der fleischfressende Zwergkrug aus Westaustralien modifizierte Blätter, die zum Beutefang dienen. Diese schuhförmigen Fallenblätter sind mit Verdauungssäften gefüllt. Die Pflanzen produzieren zudem Nektar, der Insekten anlockt.

Ein Deckel verhindert das Eindringen von Regenwasser in das stark abgewandelte Fallenblatt, sodass die Verdauungssäfte nicht verdünnt werden.

Der Fallenrand ist mit krallenartigen, nach innen weisenden Zähnen besetzt, sodass Insekten zwar ins Innere der Falle gelangen, dann aber nicht mehr aus ihr entkommen können.

SCHNELLES REAGIEREN

Eine Maus entkommt einem Greifvogel. Ein Schneehase rennt einen steilen Abhang hinunter. In freier Wildbahn kommt es oft vor, dass das Überleben von der Fähigkeit zum raschen Reagieren abhängig ist. Verlängerte Reaktionszeiten können das Leben kosten, dennoch zeigen Studien, dass selbst die kürzesten tierischen Reaktionszeiten überraschend lang sind.

Wissenschaftler der kanadischen Simon Fraser University maßen 2018 die Geschwindigkeit, mit der Reflexe bei Säugetieren verschiedener Größe ablaufen, von der kleinen Spitzmaus bis zum riesigen Elefanten. Sie stellten fest, dass größere Tiere langsamere Reflexe haben als kleinere.

Das ist nicht überraschend. Zwar werden Nervenimpulse in größeren Tieren etwa genauso schnell fortgeleitet wie in kleineren, doch sie müssen in größeren Tieren einen weiteren Weg zurücklegen, daher dauert es länger. Reflexzeiten variieren von 10 Millisekunden bei kleinen Tieren (wie Mäusen) bis zu 100 Millisekunden bei großen Tieren (wie Giraffen). In einen größeren Zusammenhang gestellt: Ein Satellit auf einer Erdumlaufbahn braucht weniger Zeit, um ein Signal zur Erde zu senden, als das Rückenmark einer Giraffe, um ein Signal an deren Fuß zu senden.

Das ist ein beträchtlicher Nachteil; daher haben größere Tiere verschiedene Strategien entwickelt, um diese Schwachstelle zu kompensieren. Sie bewegen sich zum Beispiel langsam, um mehr Zeit zu haben, auf Störungen zu reagieren. Forscher nehmen zudem an, dass größere Tiere darauf setzen, zukünftige Bewegungen vorauszusehen, sodass sie ihr Verhalten entsprechend ausrichten können.

Reaktionszeiten bei landlebenden Säugetieren

Größere Tiere haben langsamere Reflexe als kleinere.

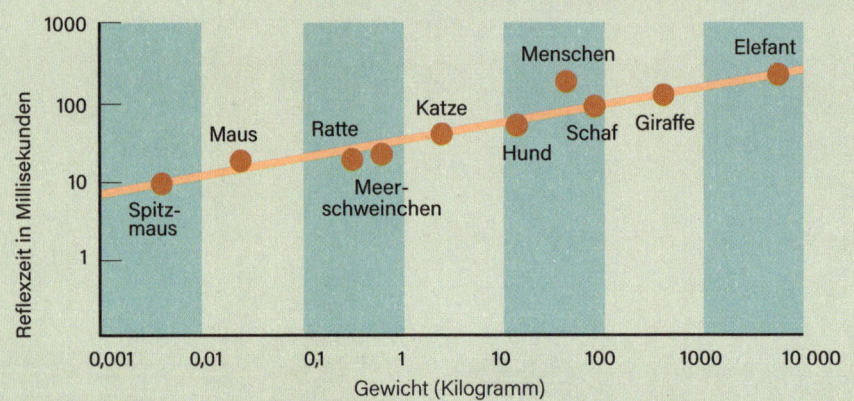

Ablauf der Reaktion

Wenn ein Wirbeltier wie eine Giraffe auf einen schmerzhaften Reiz reagiert, bspw. einen Dorn unter dem Fuß, geschieht das per Reflex. Ohne Beteiligung des Gehirns wird das Signal rasch wahrgenommen und verarbeitet. Das erzeugt eine Reaktion, und die Giraffe hebt ihren Fuß.

1 Eine Giraffe tritt auf einen Dorn. Das Schmerzsignal wird von Rezeptoren im Fuß wahrgenommen.

2 Es wird durch ein sensorisches Neuron das Bein hinauf bis ins Rückenmark weitergeleitet.

3 Dort «springt» es vom sensorischen Neuron zum Schaltneuron.

4 Das Signal läuft durch das Schaltneuron.

5 Es «springt» vom Schaltneuron auf das Motoneuron.

6 Es wird längs des Motoneurons das Bein hinab zu einem Muskel weitergeleitet.

7 Das Signal «springt» vom Motoneuron auf den Muskel.

8 Der Muskel kontrahiert sich, und der Fuß hebt sich vom Boden.

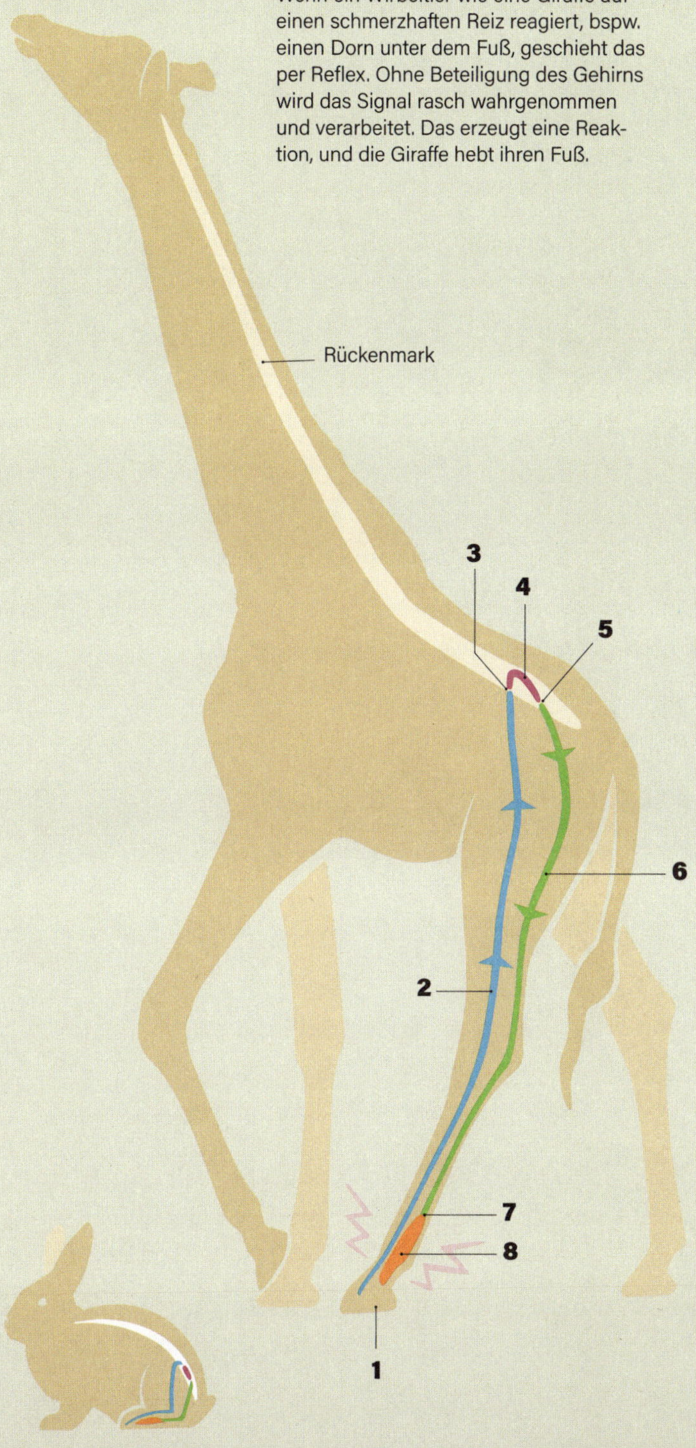

Rückenmark

● sensorisches Neuron
● Schaltneuron
● Motoneuron
● Muskel

STRATEGIEN ELTERLICHER FÜRSORGE

Von völliger Hingabe bis zur totalen Vernachlässigung gibt es in der Natur viele verschiedene Strategien der elterlichen Fürsorge. Das Kuckucksweibchen ist wohlbekannt dafür, dass es die Sorge für seinen Nachwuchs anderen überlässt, während sich Orang-Utan-Weibchen bis zu 7 Jahre lang um ihr Junges kümmern. Aber auch unter Insekten gibt es sehr fürsorgliche Eltern.

Rund 1 % aller Insektenarten zeigt elterliche Fürsorge und betreibt Brutpflege. So tragen die Männchen der Riesenwasserwanze beispielsweise das Gelege, das ihnen das Weibchen auf den Rücken geklebt hat, mehrere

Brutpflege bei Totengräbern

Ein Männchen findet einen frischtoten Kadaver. Es setzt Pheromone frei, um ein Weibchen anzulocken, und paart sich mit ihm.

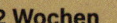

2 Wochen

Die erwachsenen Käfer kommen an die Oberfläche, nachdem sie in der Erde überwintert haben.

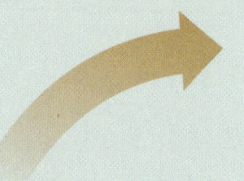

6 Monate

Die erwachsenen Käfer schlüpfen. Viele überwintern im Boden.

3 Wochen

Die Larven verpuppen sich im Boden.

Wochen lang mit sich herum, bis die Larven schlüpfen. Bei Ohrwürmern kümmern sich hingegen die Weibchen in der Woche bis zum Schlüpfen der Jungen intensiv um ihr Gelege. Sie reinigen ihre Eier und überziehen sie mit Bakterien, die antimikrobielle Eigenschaften haben.

Totengräber gehen bei der Brutpflege noch einen Schritt weiter. Beide Eltern kümmern sich um den Nachwuchs. Sie bauen eine aufwendige unterirdische Speisekammer und füttern anschließend ihre bettelnden Larven. Das ist harte Arbeit und nimmt mehr als eine Woche in Anspruch.

Die Brutpflege beginnt bereits vor der Eiablage. Der Kadaver ist die zukünftige Nahrungsquelle der Nachkommen. Die Käfer bereiten ihn vor, indem sie ihn enthaaren und eingraben.

Die Käfer rollen den Kadaver zu einer Kugel zusammen und beschmieren ihn mit Sekreten, die den Fäulnisprozess verlangsamen. Das Weibchen legt seine Eier ab.

2–3 Tage →

Die Larven schlüpfen und beginnen, um Nahrung zu betteln. Die Eltern füttern sie mit hochgewürgtem Aas.

← **14 Tage**

Die Larven verteilen sich im umgebenden Erdreich.

ELTERLICHE FÜRSORGE BEI PFLANZEN

Schwer vorstellbar, dass Pflanzen sich um ihre Nachkommen kümmern, doch manche Arten tun genau das. Nehmen Sie zum Beispiel *Mammillaria hernandezii*, einen winzigen «Warzenkaktus» aus Mexiko. Nach der Blüte setzen die Kakteen zunächst nur einen Teil der reifen Samen frei; der Rest verbleibt ein oder mehrere Jahre geschützt im Körper der «Mutterpflanze».

Um von elterlicher Fürsorge oder Brutpflege zu sprechen, muss es einen Vorteil für die nicht freigesetzten Samen geben. Dies wurde untersucht, indem man ein Jahr in der Pflanze zurückgehaltene Samen mit sofort nach der Samenreife freigesetzten Samen verglich: Samen, um die sich die Mutterpflanze ein Jahr lang gekümmert hatte, keimten und überlebten mit höherer Wahrscheinlichkeit als Samen, die ohne diese «Brutpflege» freigesetzt wurden. Derart «umsorgte» Samen wurden auch seltener von Prädatoren gefressen oder von Mikroorganismen geschädigt. Dieser Kaktus hat zwar kein Nervensystem oder beschützt seine Nachkommen nicht vorsätzlich, doch wie es aussieht, kümmert er sich um seine zukünftigen Keimlinge.

Eine Rückhaltung reifer Samen über längere Zeiträume wird auch als Serotinie bezeichnet. Sie ist bei Pflanzen, die in Wüstenregionen mit ihren unvorhersehbaren Umweltbedingungen leben, verbreitet und dient offenbar der Risikominimierung: Wenn aus den Samen im 1. Jahr keine Nachkommen überleben, hat die Mutterpflanze dank der zurückgehaltenen Samen im 2. Jahr noch eine weitere Chance. Auch viele Nadelbäume (Koniferen) setzen auf Serotinie.

VIVIPARIE

Andere Pflanzen haben alternative Strategien zur «Brutpflege» entwickelt. So setzen auch Rote Mangroven ihre Samen nicht sofort frei, doch in diesem Fall keimen diese auf der Mutterpflanze aus und beginnen zu wachsen. Die Keimlinge erhalten Nährstoffe von ihrer Mutterpflanze, wachsen zum Wasser herunter und fallen dann vom Baum ab. Die Pflanze ist «lebend gebärend» (vivipar).

Samenüberleben bei *Mammillaria hernandezii*

Samen, die noch eine Weile in der Mutterpflanze verbleiben, sind erfolgreicher als Samen, die keine «mütterliche Fürsorge» genießen.

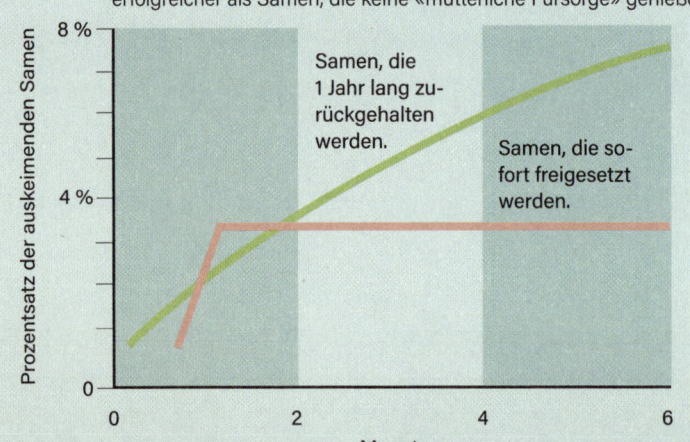

Samen, die 1 Jahr lang zurückgehalten werden.

Samen, die sofort freigesetzt werden.

Prozentsatz der auskeimenden Samen

8 %

4 %

0

0 2 4 6

Monate

***Mammillaria hernandezii*, ein Warzenkaktus aus Mexiko**
In der Wüste werden Kaktussamen im Körper der Mutterpflanze versorgt.

Der Kaktus blüht im Oktober des 1. Jahres. Zwischen den schrumpfenden «Warzen» der Kaktuspflanze entwickeln sich die Früchte.

7 Monate später, im Mai des 2. Jahres, reifen die Früchte, und ein erster Teil der Samen wird freigesetzt.

Erdoberfläche

Ein Teil der Samen verbleibt weitere 12 Monate in den Früchten, also bis zum Mai des 3. Jahres.

Danach müssen alle Samen, die sich noch in der Pflanze befinden, an Ort und Stelle verbleiben, denn die Frucht befindet sich nun unter der Erdoberfläche.

außen   innen

HOME, SWEET HOME

Unsere Häuser sind meist aus Ziegeln und Mörtel errichtet, doch was die
übrigen Mitglieder des Tierreichs angeht, so verwenden sie zur Errichtung ihrer Heimstätten eine breitere Palette von Baumaterialien, darunter
Schlamm, Zweige, Speichel und Luft. Diese Bauwerke reichen von ein-
fachen Mulden im Boden bis zu ingenieurstechnischen Höchstleistungen,
und je komplexer sie werden, desto mehr Zeit müssen die Erbauer darauf
verwenden. Während einige nur kurzfristig genutzt werden, wie die Schlaf-
nester von Gorillas, sind andere langfristig angelegt. Termitenhügel beispielsweise können Tausende von Jahren überdauern.

GORILLA
5 Minuten

Gorillas verwenden Blätter,
Buschwerk und Zweige, um
meterbreite, runde Schlafnes-
ter auf dem Boden anzulegen.
Auch wenn die Tiere weniger
als 1 Meile (1,6 km) pro Tag
zurücklegen, bauen sie jeden
Abend neue Nester. Die meisten Gorillas schlafen allein,
Mütter allerdings mit ihrem
Jüngsten.

SIAMESISCHER
KAMPFFISCH
2–3 Stunden

Die Männchen bauen
Schaumnester aus Luftbla-
sen. Sie schlucken Luft und
spucken sie dann in Form von
kleinen, schleimumhüllten
Paketen wieder aus. Um ein
solches Nest zu bauen, das
auf der Wasseroberfläche
schwimmt, bedarf es Tausen-
der solcher Blasen. Die befruchteten Eier werden im Inneren des Nestes platziert, wo
später die Jungen schlüpfen.

SCHNABELTIER
8 Stunden

Schnabeltiere leben in Höhlen.
Nach der Paarung bringt das
Weibchen die Höhle auf Vor-
dermann und legt an einem
Ende der Höhle ein Nest an.
Es polstert den Boden mit
feuchtem Laub aus und be-
reitet ein Nest aus Schilf und
Blättern vor. In mehreren
Aktivitätsphasen, die sich über
3 Nächte verteilen, arbeitet
das Weibchen rund 8 Stunden
am Nest.

Zeitbedarf für den Nestbau im Tierreich

Schwierigkeitsgrad beim Bau

einfach 🧩 🧩 🧩 🧩 🧩 schwierig

FLAMINGO
2–3 Tage
Flamingopaare errichten ihre
Nester auf Schlammboden.
Mithilfe ihrer Schnäbel stellen
sie aus Schlamm, Blättern und
Gras eine breiige Masse her,
die sie zu einem Kegel mit
einer schüsselförmigen Mulde
an der Spitze formen. Die
Eltern bebrüten das einzelne
Ei gemeinsam, und nach rund
30 Tagen schlüpft das Junge.

WEISSNESTSALANGANE
2 Monate
Die durchscheinenden, tas-
senförmigen Nester dieser
kleinen, südostasiatischen
Segler bestehen ausschließlich aus fest gewordenem
Speichel. Die Substanz wird in
einer Drüse unter der Zunge
produziert und härtet aus,
wenn sie mit Luft in Berüh-
rung kommt. Die Vögel haben
insofern Pech, als ihre Nester
die Hauptzutat der berühmten
Schwalbennestersuppe sind.

WEISSKOPF-SEEADLER
1–3 Monate
Mit einer Breite von 2–3 m
und einer Tiefe von bis zu 4 m
baut der Weißkopf-Seeadler
das größte Vogelnest in ganz
Nordamerika. Diese Kons-
truktion, die aus Ästen und
Zweigen besteht, wird vom
Brutpaar wiederverwendet
und wächst jedes Jahr durch
«Aufstockung» mit neuem
Material um rund 50 cm in die
Höhe.

KUNSTVOLLE BAUWERKE

Termiten und Beutelmeisen gehören zu den geschicktesten Architekten im Tierreich. Beide lösen das Problem, einen sicheren Ort für die Aufzucht ihres Nachwuchses zu schaffen, auf ganz unterschiedliche Weise.

Beutelmeisen, die in Eurasien, Afrika und Nordamerika heimisch sind, verbringen jedes Jahr bis zu 3 Wochen damit, ein raffiniertes Nest zu bauen, in dem sie ihre Jungen großziehen. Dieser Bau erfolgt in mehreren Stufen, sodass nach und nach eine zunehmend komplexere Konstruktion von einem kleinen Zweig herabhängt. Das Nest wird aus weichem Pflanzenmaterial und Tierhaaren gewoben, wobei ein wenig Spinnenseide für die nötige Elastizität sorgt. Es ist rund 25 cm lang und wird nur eine einzige Brutsaison lang genutzt; dann wird es verlassen.

Bau eines Beutelmeisennests

1. Das Männchen wickelt Baumaterial um einen gegabelten Zweig.

2. Ein rudimentärer Korb entsteht.

3. Das Männchen lässt den Nestbau bis zu 2 Wochen lang ruhen, um eine Partnerin zu finden. Beide setzen die Arbeiten gemeinsam fort.

4. Der Korb wird vertieft und verstärkt.

5. Der Korb wird zu einer Kugel mit einem seitlichen Loch vergrößert.

6. Die Eingangsöffnung wird zu einer kurzen Röhre ausgebaut.

Einige Beutelmeisenarten legen zudem einen falschen Eingang an, der in eine leere Kammer führt. Der Eingang zur echten Nistkammer wird von einer verborgenen Klappe geschützt, die mit klebriger Spinnenseide verschlossen wird.

falsche Kammer

Nistkammer

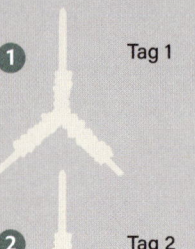

1 Tag 1

2 Tag 2

3 Tag 3

4

5

1 Woche

6
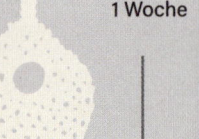

TERMITENHÜGEL

Termitenhügel sind hingegen auf lange Haltbarkeit ausgelegt. Sie anzulegen, nimmt Jahre in Anspruch, doch sie überdauern Jahrhunderte. Die
«Termitenstadt» in der Savanne von Caatinga im Nordosten Brasiliens beispielsweise umfasst mehr als 200 Mio. Hügel, die sich über eine Fläche von
der Größe Großbritanniens verteilen. Man nimmt an, dass sie zwischen 690
und 3800 Jahre alt sind. Im Gegensatz zu den Nestern der Beutelmeisen, die
nur eine einzige Brut beherbergen sollen, sind Termitenhügel das Parade-
beispiel für Multigenerationenbehausungen. Sie können eine Höhe von 9 m
erreichen und werden aus einer ausgeklügelten Mischung aus Erde, Speichel und Dung errichtet, die nach dem Trocknen so hart ist wie Zement. Die
Hügel enthalten ein Netz aus Belüftungsschächten und ein unterirdisches
Nest mit zahlreichen Kammern.

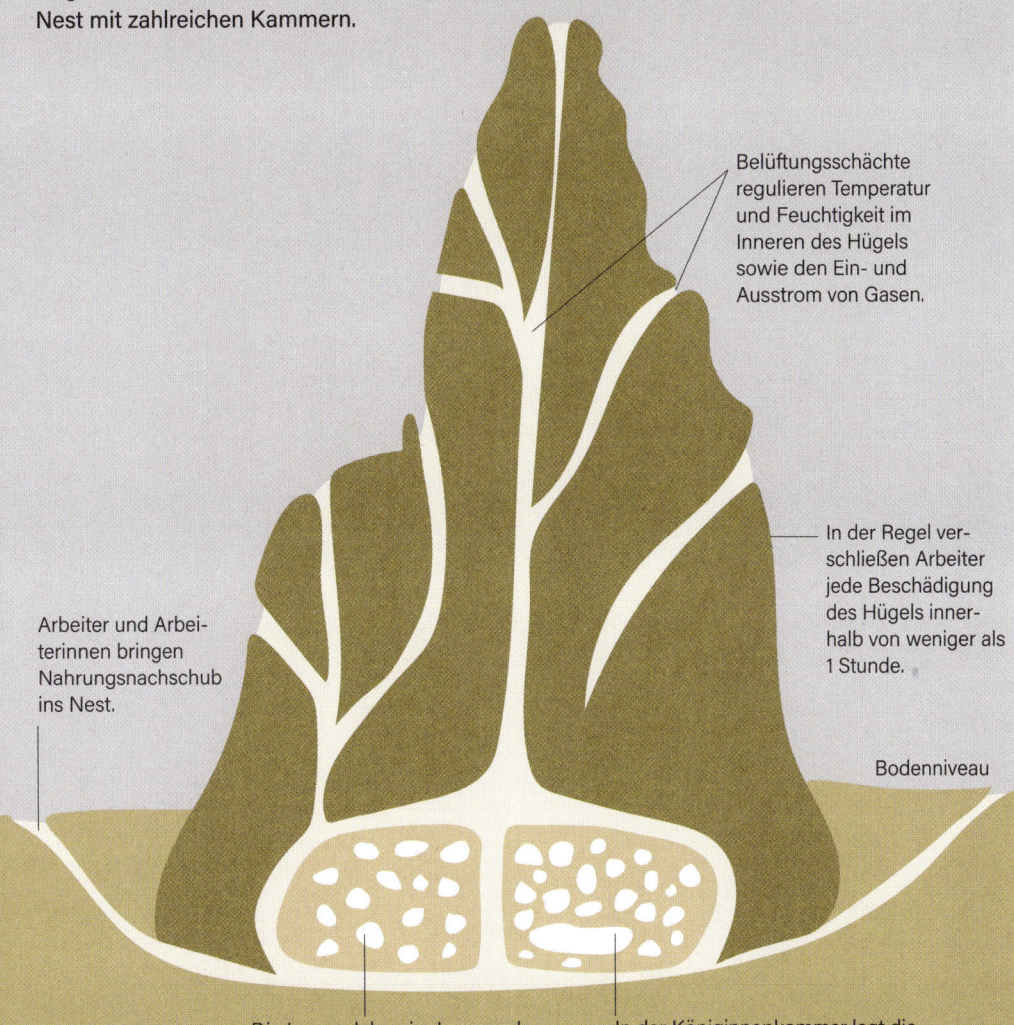

Belüftungsschächte
regulieren Temperatur
und Feuchtigkeit im
Inneren des Hügels
sowie den Ein- und
Ausstrom von Gasen.

In der Regel ver-
schließen Arbeiter
jede Beschädigung
des Hügels inner-
halb von weniger als
1 Stunde.

Arbeiter und Arbei-
terinnen bringen
Nahrungsnachschub
ins Nest.

Bodenniveau

Die Larven leben im Inneren des
Nestes, ferner symbiontische Pilze,
die eingetragenes Pflanzenmaterial
abbauen, sodass die Nährstoffe für
die Termiten verfügbar werden.

In der Königinnenkammer legt die
Königin, die bis zu 15 Jahre alt wer-
den kann, viele Hundert Millionen
Eier – ein Ei alle 3 Sekunden.

BRAUTWERBUNG

Wenn es um Balzrituale geht, dann wissen Vögel wirklich, wie man sich ins rechte Licht setzt. Das gilt vor allem für Paradiesvögel, eine Gruppe tropischer Vögel, die berühmt ist für ihre choreografisch ausgefeilten Balztänze. In der Paarungszeit verbringen die Männchen jeden Tag viele Stunden damit, sich von ihrer besten Seite zu zeigen. Sie flattern und springen, gleiten und hüpfen, breiten ihre Federn wie einen Fächer aus und verbiegen sich zu den verrücktesten Formen. Die besten Tänzer dürfen sich paaren. Beim Kakapo, einem flugunfähigen neuseeländischen Papagei, geht es vor allem ums Rufen. Die Männchen konkurrieren in einer Balzarena auf einer felsigen Anhöhe um die besten Balzplätze und lassen dort über Monate hinweg von Sonnenuntergang bis Sonnenaufgang ihre «Boom»-Rufe – ein ständig wiederholtes, tiefes Grunzen – erschallen. Andere Balzrituale sind ähnlich eindrucksvoll. Schauen Sie sich nur den Pinguin an, der ein geborener Imitator ist, und den Laubenvogel, der alles über Geometrie weiß.

DER IMITATOR: KAISERPINGUIN
Dauer der Brautwerbung: 6 Wochen
Zu Beginn des antarktischen Winters verlassen Tausende von Kaiserpinguinen ihre Nahrungsgründe im Meer und marschieren bis zu 200 km landeinwärts zu ihrem eisigen Brutgebiet. Die Vögel verpaaren sich jedes Jahr neu. Um eine Partnerin anzulocken, wandern Männchen durch die Kolonie, wobei sie immer wieder ganz kurz rufen. Reagiert ein Weibchen, beginnen die beiden ein elegantes Imitationsspiel, indem sie ihre Bewegungen synchronisieren. Sich verbeugen, sich wiegen, sich putzen und selbst sich kratzen – alles wird im Gleichtakt durchgeführt. Wenn die Paarbindung gefestigt ist, paaren sich die beiden und watscheln gemeinsam umher, bis das Weibchen 1 Monat später ein einziges Ei legt. Anschließend kehrt es wieder ins Meer zurück. Dort bleibt es 2 Monate, um sich den Bauch vollzuschlagen, während das Männchen das Ei bebrütet; dann tauschen sie die Rollen. Man nimmt an, dass das Balzritual die Bindung zwischen beiden Vögeln stärkt und ihnen hilft, einander nach der langen Trennung wiederzuerkennen.

Der Paarungstanz der Kaiserpinguine

Die täuschende Laube des
Graulaubenvogels

DER ILLUSIONIST: LAUBENVOGELMÄNNCHEN
Dauer der Brautwerbung: bis zu 2 Monaten

Männliche Laubenvögel verbringen Monate damit, raffinierte Strukturen zu
errichten, die als Lauben bezeichnet werden, um potenzielle Geschlechts-
partnerinnen zu beeindrucken. Die Lauben bestehen aus natürlichen
Materialien wie Zweigen, Federn und Beeren; gelegentlich kommen auch
menschengemachte Dinge hinzu wie Münzen, Nägel und Flaschenver-
schlüsse. Jeder Gegenstand wird mit außerordentlicher Präzision platziert.
Der in Nordaustralien heimische Graulaubenvogel arbeitet sogar eine
optische Illusion ein. Seine aus Zweigen bestehende Laube ist mit Kieseln
geschmückt, die so angeordnet sind, dass sie mit zunehmender Entfernung
vom Eingang der Allee an Größe zunehmen, sodass eine erzwungene Perspektive entsteht. Aus der Sicht des Weibchens vor dem Tunnel erscheinen
alle Kiesel gleich groß. Infolgedessen erscheint ihm das Areal unter Umständen kleiner, als es ist, und das Männchen entsprechend größer. Das ist
eine raffinierte Taktik. Untersuchungen haben gezeigt, dass die Männchen,
die die besten geometrischen Muster bauen, auch diejenigen sind, die den
größten Paarungserfolg haben.

TIERISCHER ZAUBER

Auch ansonsten gibt es ausgefallene und bizarre Werbestrategien, die Pinguinen und Laubenvögeln nicht nachstehen. Der Arfak-Strahlenparadiesvogel beispielsweise legt einen eleganten Ballerinentanz aufs Parkett, während Taufliegenmännchen ihre Partnerinnen durch eine ausgeklügelte Choreografie mit Flügelschlagen und Trippelschritten zu bezirzen versuchen. Es geht jedoch nicht immer nur ums Tanzen.

Brautwerbungsrituale im Tierreich

Länge der Brautwerbung

0 Tage   2-6 Tage

DER OPPORTUNIST
ASIATISCHER MAISZÜNSLER

Asiatische Maiszünsler (Ostrinia furnacalis) sind geschickt darin, Fressfeinden zu entkommen. Wenn diese nachtaktiven Falter die Ultraschallrufe einer Fledermaus hören, erstarren sie mitten im Flug und lassen sich zu Boden fallen. Bei der Paarung nutzen männliche Falter diesen Trick zu ihrem Vorteil. Sie imitieren den Ruf der Fledermaus, was die Weibchen veranlasst, zu Boden zu fallen. Die kurze Zeitspanne, in der die Weibchen anschließend immobilisiert sind, nutzen die Männchen zur Paarung.

DER KOTSCHLEUDERER
FLUSSPFERD

Flusspferde sind polygyn, das heißt, die Männchen paaren sich mit mehreren Weibchen. Dominante Männchen haben die erste Wahl und verbringen oft Tage mit der Suche nach einer geeigneten Partnerin. In dieser testosterongeschwängerten Zeit kommt es oft zu Kämpfen zwischen den Männchen. Um die Aufmerksamkeit eines Weibchens zu erregen, urinieren und koten die Männchen gleichzeitig und besprühen ihre potenzielle Zukünftige mit diesem schweren Parfüm. Das ist eine Erfolgsstrategie, und kurz darauf kommt es zur Paarung.

Einige Tierarten greifen zu wirklich ausgefallenen Strategien, um die Vertreterinnen des anderen Geschlechts zu beeindrucken. Lernen Sie den opportunistischen Falter, das kotverwirbelnde Flusspferd, den künstlerisch begabten Fisch und den Schnabeligel kennen, der Polonaisen mag.

7–9 Tage

DER KÜNSTLER
KUGELFISCH

Die Männchen einer japanischen Kugelfisch-art *(Torquigener albomaculosus)* bewegen ihre Flossen so, dass am Meeresboden raffinierte kreisförmige Muster entstehen, die sie oft mit Schalenbruchstücken dekorieren. Ein kleiner, nur 12 cm langer Fisch schafft so ein Kunstwerk von bis zu 2 m Durchmesser. Untersuchungen legen nahe, dass die Weibchen anhand des Kunst-werks möglicherweise Rückschlüsse auf die Größe des Künstlers ziehen können, was ihnen hilft, das fitteste Männchen zu wählen.

30 Tage

DER STALKER
KURZSCHNABELIGEL

Bevor die Brautwerbung beginnt, vergrößern sich die Hoden männlicher Kurzschnabeligel um das Dreifache. Die gewöhnlich einzelgän-gerischen Männchen stöbern dann ein Weib-chen auf und folgen ihm, wobei sich «Gefolge» von bis zu 11 Männchen bilden. Diese bizarre Polonaise kann einen ganzen Monat andau-ern, bis das Weibchen schließlich Halt macht und häufig Kopf und Vorderbeine in der Nähe eines Baumes oder Busches teilweise eingräbt. Dann versuchen die Männchen, sich ebenfalls einzugraben, wobei ein ringförmiger Graben entstehen kann; sie stoßen und stupsen einan-der aus dem Weg, bis sich eines von ihnen das Recht zur Paarung erstreitet

PAARUNGSMARATHON

Brautwerbung ist die eine Sache. Kommen wir nun zum Sex. Bei einigen Arten dauert der Geschlechtsverkehr nur Sekunden, bei anderen Stunden, Tage oder sogar noch länger. Das ist auch ein evolutionäres Rätsel: Paarungen kosten Zeit und Energie und setzen die Beteiligten einer erhöhten Gefahr durch Fressfeinde aus – warum unterziehen sich manche Arten daher solchen Sexmarathons? Man würde erwarten, dass kleinere Tiere, die rasch

Länge des Geschlechtsverkehrs im Tierreich

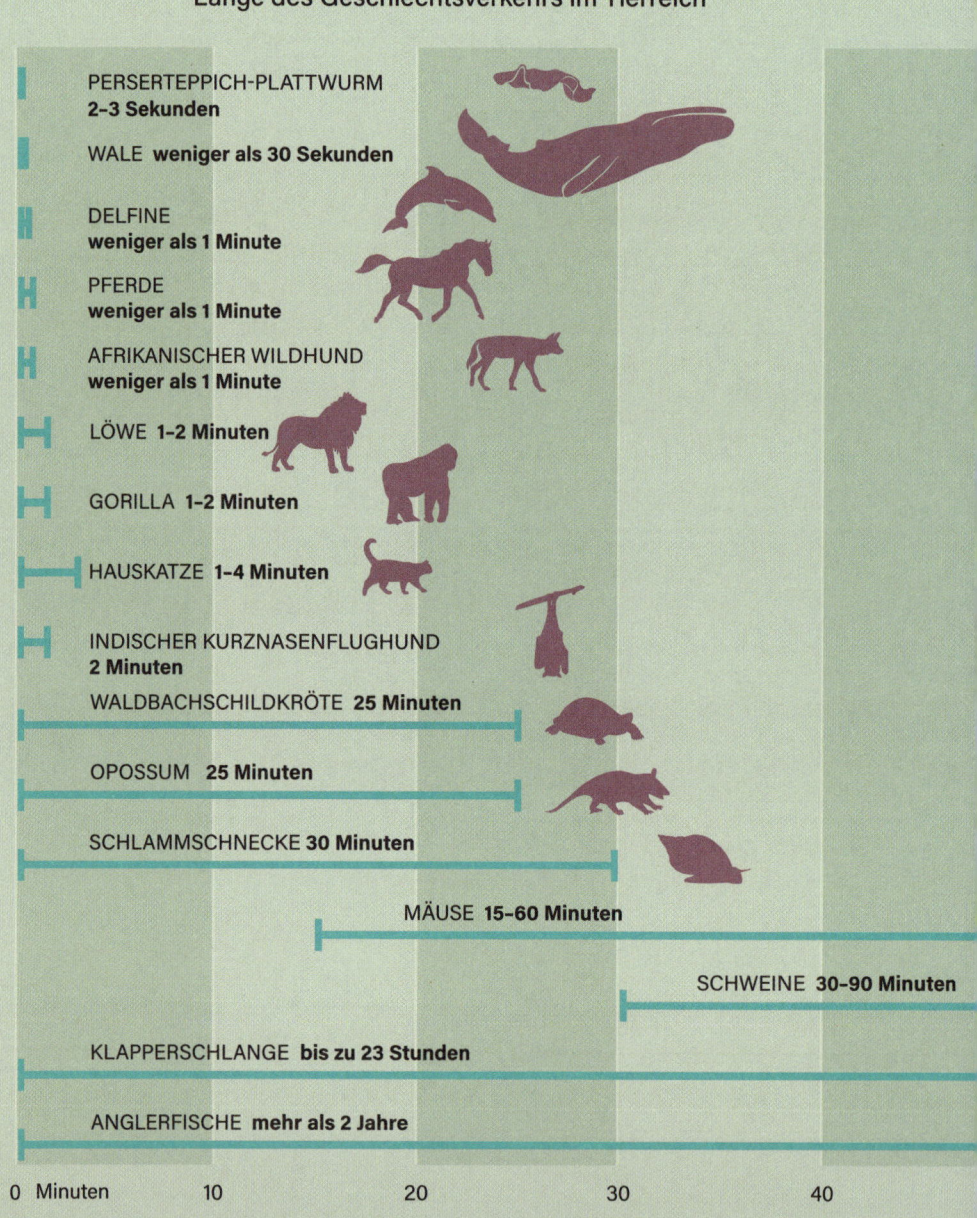

PERSERTEPPICH-PLATTWURM
2–3 Sekunden

WALE **weniger als 30 Sekunden**

DELFINE
weniger als 1 Minute

PFERDE
weniger als 1 Minute

AFRIKANISCHER WILDHUND
weniger als 1 Minute

LÖWE **1–2 Minuten**

GORILLA **1–2 Minuten**

HAUSKATZE **1–4 Minuten**

INDISCHER KURZNASENFLUGHUND
2 Minuten

WALDBACHSCHILDKRÖTE **25 Minuten**

OPOSSUM **25 Minuten**

SCHLAMMSCHNECKE **30 Minuten**

MÄUSE **15–60 Minuten**

SCHWEINE **30–90 Minuten**

KLAPPERSCHLANGE **bis zu 23 Stunden**

ANGLERFISCHE **mehr als 2 Jahre**

0 Minuten   10   20   30   40

verhungern und mit höherer Wahrscheinlichkeit gefressen werden, weniger Zeit mit Kopulieren verbringen als größere Tiere. Aber das stimmt nicht! Eine Studie mit 113 Säugerarten ergab, dass kleinere Tiere im Allgemeinen länger kopulieren als größere. Den Wissenschaftlern zufolge könnte das daran liegen, dass kleinere Tiere die «ausdauernden energiegeladenen Manöver im Rahmen der Kopulation» besser bewältigen können. Möglicherweise verhindert eine lang andauernde Paarung auch, dass andere Männchen Zugang zum Weibchen erhalten, und hilft dadurch, die Vaterschaft sicherzustellen.

ORALSEX BEI FLUGHUNDEN

Die in Süd- und Südostasien heimischen Indischen Kurznasenflughunde setzen oralen Sex ein, um ihre ansonsten kurze Liaison zu verlängern. Diese Praxis schenkt dem Paar über die üblichen 2 Minuten hinaus zusätzliche 100 Sekunden Sex. Dafür gibt es verschiedene mögliche Gründe. Es könnte die Befruchtung fördern, den Spermien erleichtern, den Eileiter zu erreichen, oder dem Weibchen chemische Hinweise auf die Qualität seines Partners geben.

60   70   80   90

BIZARRER SEX

ANGLERFISCHE

DAUER DES GESCHLECHTSVERKEHRS: mehrere Jahre

Wenn ein männlicher Tiefsee-Anglerfisch *Linophryne indica* ein Weibchen findet, verbeißt er sich in dessen Bauch, bis sein Körper mit dem seiner Partnerin verschmilzt (unten rechts im Bild). Sein Kreislauf dockt an den ihren an, sodass das Männchen vom Weibchen mit allem Lebensnotwendigen versorgt wird. Im Gegenzug liefert das Männchen dem Weibchen Spermien. Die Körperorgane, die das Männchen nicht länger braucht, wie Augen, Flossen und einige innere Organe, schrumpfen, bis das Männchen nicht viel mehr als ein mit Spermien gefülltes Säckchen ist. Dieser makabre Sexmarathon kann Jahre dauern und hat sich vermutlich im Lauf der Evolution entwickelt, weil das Weibchen in einer Umgebung lebt, wo es nur wenige Männchen gibt, aber auf diese Weise immer Spermien «auf Abruf» zur Verfügung hat.

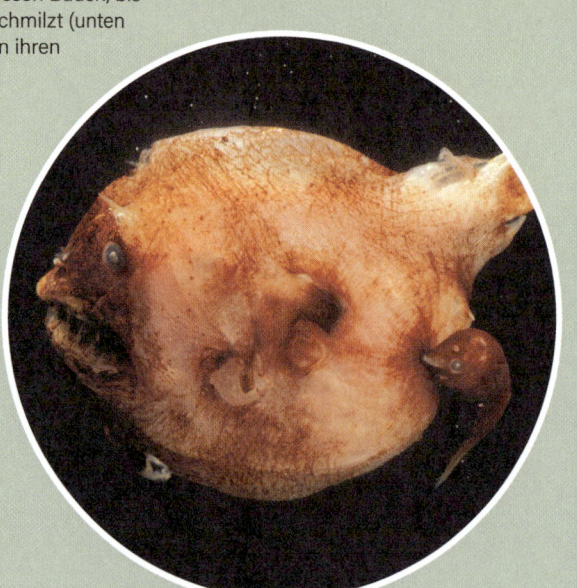

PERSERTEPPICH-PLATTWURM

DAUER DES GESCHLECHTSVERKEHRS: 2 Sekunden

Perserteppich-Plattwürmer sind Zwitter (Hermaphroditen) und produzieren gleichzeitig Eier und Spermien. Um sich die Mühe zu sparen, sich um befruchtete Eier kümmern zu müssen, versucht jedes Individuum, sein Gegenüber zu schwängern, ohne selbst schwanger zu werden. Dieses Duell wird durch Penisfechten entschieden. Die beiden Duellanten verbringen bis zu 1 Stunde damit, mit ihren scharfen, zweizackigen Penissen darum zu kämpfen, dem anderen die eigenen Spermien zu injizieren. Wenn das geschieht, dauert die Insemination nur ein paar Sekunden. Das siegreiche Individuum wird dann zum «Vater», das unterlegene zur «Mutter».

AM SEX STERBEN

Geschlechtsverkehr führt zur Schaffung neuen Lebens, doch für einige Tiere bringt er auch den Tod. Von Semelparität spricht man, wenn ein Tier all seine Energie auf einen einzigen Paarungsversuch bzw. eine einzige Paarungssaison konzentriert und dann stirbt, sei es während oder nach der Paarung.

STUART-BREITFUSSBEUTELMAUS

DAUER DES GESCHLECHTSVERKEHRS:

mehrere Stunden

Sex kann auch für Säugetiere eine riskante Angelegenheit sein. Die Stuart-Breitfuß-beutelmaus ist ein in Australien heimisches, nachtaktives Beuteltier. Sobald diese Beutelmäuse mit etwa 10 Monaten geschlechtsreif werden, beginnt für die Männchen ein fieberhafter, etwa 2 Wochen langer Sexmarathon. In dieser Zeit paaren sich die Männchen mit so vielen Weibchen wie möglich. Die Paarung dauert mehrere Stunden, und sobald das Männchen fertig ist, begibt es sich auf die Suche nach der nächsten Partnerin. Infolgedessen hat es keine Zeit zum Essen, Trinken oder Schlafen – das Ergebnis ist völlige Erschöpfung. Während die Konzentration seiner Stresshormone in die Höhe schießt, bricht sein Immunsystem zusammen. Die Männchen werden anfällig für Parasiteninfektionen und Magen-Darm-Geschwüre. Kurz darauf sterben sie, und keines von ihnen erlebt eine zweite Paarungssaison.

ECHTE RADNETZSPINNEN

DAUER DES GESCHLECHTSVERKEHRS: 20 Sekunden

Manche Spinnenarten praktizieren eine selbstmörderische Art der Fortpflanzung. Spinnenmännchen besitzen ein Paar armartiger Fortsätze, Pedipalpen genannt, die dazu dienen, Spermien in den Körper des Weibchens zu übertragen. Bei männlichen Radnetzspinnen dauert diese Spermienübertragung 20 Sekunden, doch das Männchen stirbt, während es seinen zweiten Pedipalpen in den Körper des Weibchens steckt. Sein Körper hängt von der weiblichen Genitalöffnung herab, was verhindert, dass sich noch weitere Männchen mit seiner Partnerin paaren. Oft frisst das Spinnenweibchen das Männchen anschließend, was man als sexuellen Kannibalismus bezeichnet. Ein solcher postkoitaler Imbiss ist unter Insekten und Spinnentieren weit verbreitet, aber auch bei einigen Schnecken und Ruderfußkrebsen (Copepoden) beobachtet worden.

VERSCHIEBUNG DER JAHRESZEITEN

Höhere globale Temperaturen führen dazu, dass sich die Jahreszeiten verschieben. Das Frühjahr beginnt früher, die Winter werden kürzer. Es gibt mehr heiße Tage und weniger Frosttage, nicht zur Jahreszeit passende Wetterereignisse werden häufiger. Die Meere erwärmen sich. Dies verändert die Art und Weise, wie sich Tiere und Pflanzen verhalten. Für Lebewesen, die in ihrer Lebensweise stärker fixiert sind, sieht die Zukunft jedoch düster aus.

Die Auswirkung des Klimawandels auf Papageitaucher und ihre Nahrungsquellen

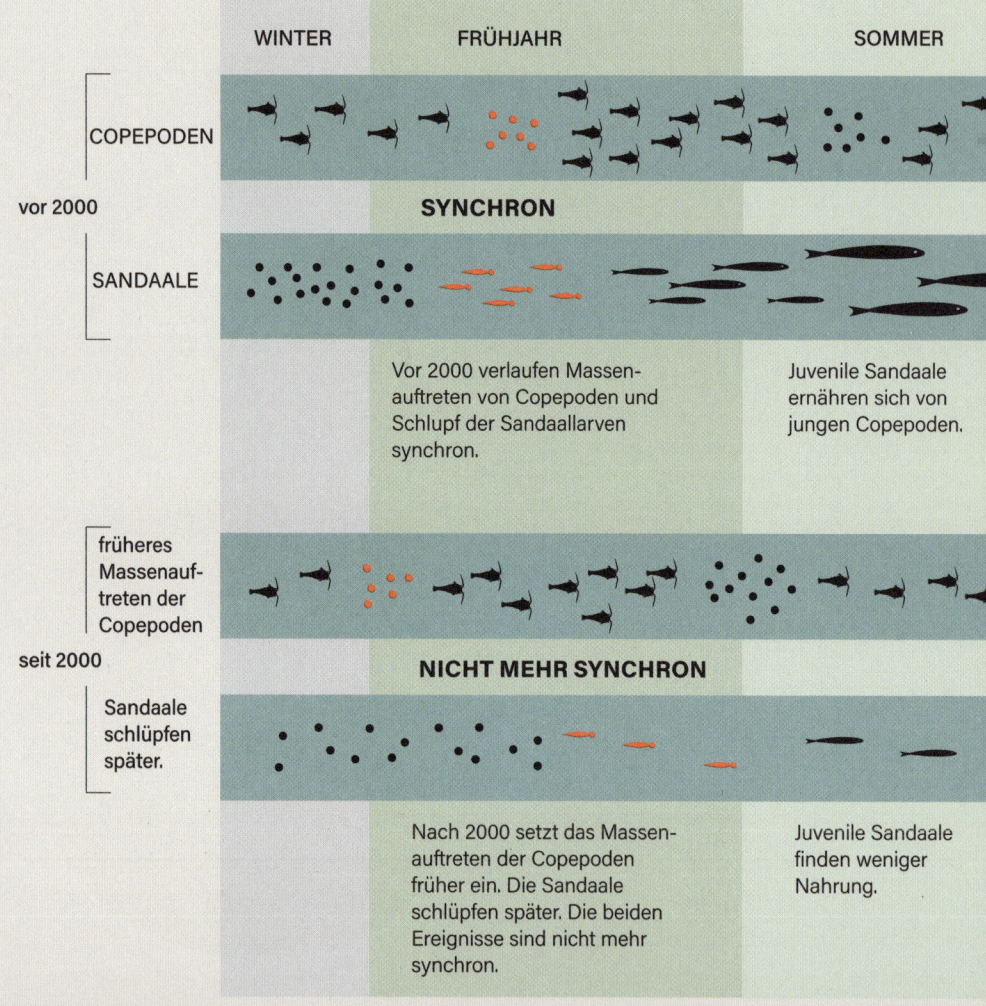

WINTER **FRÜHJAHR** **SOMMER**

COPEPODEN

vor 2000

SYNCHRON

SANDAALE

Vor 2000 verlaufen Massenauftreten von Copepoden und Schlupf der Sandaallarven synchron.

Juvenile Sandaale ernähren sich von jungen Copepoden.

früheres Massenauftreten der Copepoden

seit 2000

NICHT MEHR SYNCHRON

Sandaale schlüpfen später.

Nach 2000 setzt das Massenauftreten der Copepoden früher ein. Die Sandaale schlüpfen später. Die beiden Ereignisse sind nicht mehr synchron.

Juvenile Sandaale finden weniger Nahrung.

PAPAGEITAUCHER

Papageitaucher sind dafür ein gutes Beispiel. Diese attraktiven Seevögel ernähren sich von Sandaalen, die ihrerseits kleine Ruderfußkrebse (Copepoden) fressen. Früher fielen riesige Massenauftreten junger Copepoden mit dem Schlupf von Sandaallarven zusammen; Letztere wuchsen heran und wurden von Papageitauchern erbeutet und anschließend an ihre Jungen verfüttert. Inzwischen haben die Meereserwärmung und die damit einhergehende Verschiebung der Jahreszeiten jedoch dazu geführt, dass die einzelnen Glieder der Nahrungskette aus dem Takt geraten sind. Das Massenauftreten der kleinen Krebse setzt heute rund 3 Wochen vor dem Schlüpfen der Sandaale ein. Infolgedessen sind weniger erwachsene Sandaale verfügbar, mit denen die Papageitaucher ihre Jungen füttern können. Die erwachsenen Vögel verbringen mehr Zeit mit Fischen, bleiben jedoch oft erfolglos, und ihre Jungen verhungern. Im norwegischen Røst-Archipel ist die Zahl der Papageitaucher in den letzten 50 Jahren um mehr als 80 % zurückgegangen.

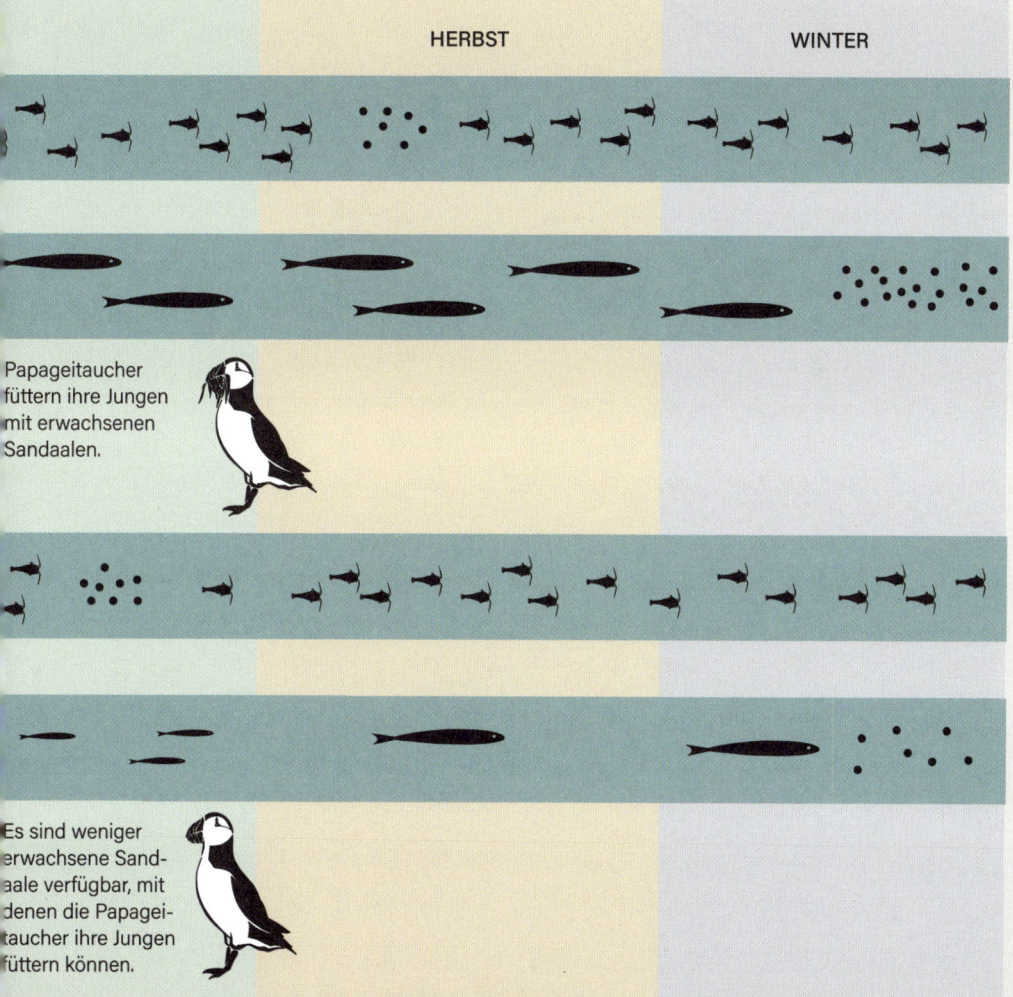

HERBST

WINTER

Papageitaucher füttern ihre Jungen mit erwachsenen Sandaalen.

Es sind weniger erwachsene Sandaale verfügbar, mit denen die Papageitaucher ihre Jungen füttern können.

BIOLOGISCHE
ZEITSPANNEN

EINLEITUNG

Alle Lebewesen bestehen aus Zellen – winzigen, komplizierten
Behältern voller «Zeug», das die Anleitungen und Instrumente
zur Bewältigung des Lebens enthält. Zellen, die sich zusammen-
schließen, dienen einem übergeordneten Zweck. Sie bilden
Gewebe, wie das Nervengewebe, das elektrische Impulse durch
den Körper sendet, und das Muskelgewebe, das unserem Herz
schlagen hilft. Arbeiten diese Gewebe zusammen, werden sie zu
Systemen – dem Nervensystem, das unter anderem das Denken
koordiniert, oder das Herz-Kreislauf-System, das sauerstoffreiches Blut durch den Körper pumpt. Insgesamt ergeben diese
Systeme einen komplexen Organismus mit eigenen inneren
Uhren.

Diese Uhren erzeugen Rhythmen auf der Basis von Zeit-
intervallen, die Sekunden, Minuten, Stunden, Tage oder Jahre
umfassen. Beispiele sind der Herzschlag oder unsere Atemzüge. Innere Rhythmen bestimmen, wann die Fertilitätsphase
eines Organismus beginnt und endet. Sie bestimmen auch den
Fruchtbarkeitszyklus. So dauert der Sexualzyklus von Kaninchen
etwa 12–16 Tage und innerhalb dieser Periode sind sie meistens
fruchtbar. Ganz anders dagegen Pandas – fruchtbar sind sie nur
1–3 Tage irgendwann zwischen Februar und Mai.

Die Rhythmen des Lebens unterliegen inneren Faktoren, wie
den zyklischen Mustern der Genaktivität oder dem Anstieg und
Abfall von Hormonspiegeln. Doch auch äußere Faktoren spielen
eine Rolle. Korallen und einige Meereswürmer richten die Zeit
ihrer Fortpflanzung nach den Mondphasen aus, und der Wechsel
der Jahreszeiten sowie der Sonnenstand beeinflussen alles vom
Wachsen und Blühen der Pflanzen bis zu den Massenwanderun-
gen einiger Tiere.

Die Biologie übt noch auf andere Weisen Einfluss auf Zeitspannen aus. Schall ist schlicht eine Welle, die sich in der Zeit
ausbreitet, doch Frequenz und Gestalt dieser Welle werden
von der Biologie bestimmt. Lautäußerungen von Tieren, vom
tiefen, im Infraschallbereich liegenden Grummeln des Sumatra-
Nashorns bis zum schrillen Zirpen einer Grille, unterliegen der
inneren Anatomie.

Verhalten unterliegt inneren Faktoren,
etwa den Hormonen, und äußeren,
wie dem Zu- und Abnehmen des
Mondes.

SEXUALZYKLEN

Woher weiß man, dass ein Panda trächtig ist? Bei über 500 Bambus-
mampfern, die sich derzeit in menschlicher Obhut befinden und deren
Halter die Pandapopulation vergrößern wollen, ist das eine sehr wichtige
Frage. Um sie zu beantworten, muss man sich gut mit dem Sexualzyklus
des Pandas auskennen.

Ein Sexualzyklus ermöglicht weiblichen Säugetieren wiederholte
Schwangerschaften. Er ergibt sich aus wiederkehrenden physiologischen
Veränderungen, die im Lauf der Zeit in Reaktion auf schwankende Hormon-
spiegel auftreten und sich je nach Art erheblich unterscheiden.

Einige Arten, wie Katzen, Menschen und Kühe, sind polyöstrisch – sie
erleben mehrere Zyklen pro Jahr. Bei Frauen dauert der Zyklus etwa vier
Wochen, bei Katzen 2–3 Wochen, bei Elefanten 13–18 Wochen, bei Hamstern
dagegen zuverlässig nur vier Tage. Daher lassen sich aus zwei Hamstern in
ausgesprochen kurzer Zeit zu viele Hamster machen.

Monöstrische Arten, wie Wölfe und Bären, sind hingegen nur einmal
im Jahr brünstig. Pandaweibchen sind alle 12 Monate nur 24–72 Stunden
fruchtbar – irgendwann zwischen Februar und Mai. Dann ist der Bambus am
süßesten; doch ehe man sich versieht, ist es schon wieder vorbei.

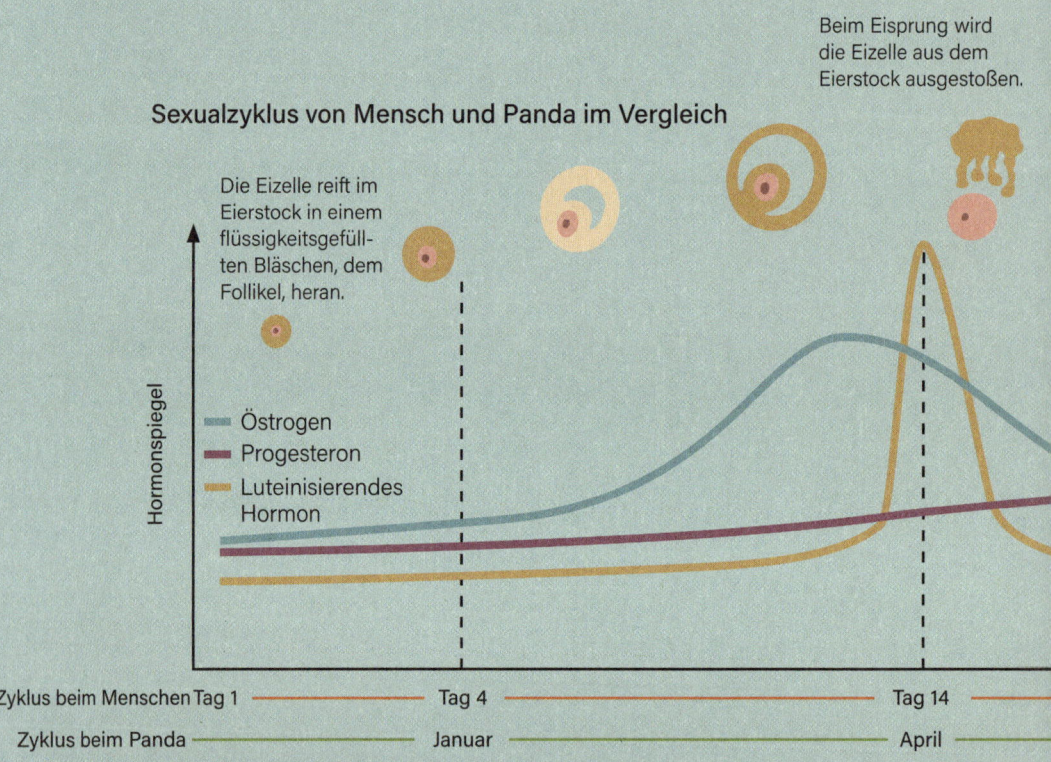

Sexualzyklus von Mensch und Panda im Vergleich

Beim Eisprung wird
die Eizelle aus dem
Eierstock ausgestoßen.

Die Eizelle reift im
Eierstock in einem
flüssigkeitsgefüll-
ten Bläschen, dem
Follikel, heran.

Hormonspiegel

Östrogen
Progesteron
Luteinisierendes
Hormon

Zyklus beim Menschen Tag 1 —————— Tag 4 ——— Tag 14 ——

Zyklus beim Panda —————— Januar ——— April ——

Dieser Zyklus lässt sich nur mit regelmäßigen Urintests überprüfen. Kurz vor dem Eisprung steigt der Spiegel von zwei Sexualhormonen – Östrogen und Luteinisierendes Hormon (LH). Ist ihr Höchststand überschritten, ist es Zeit, eine natürliche Fortpflanzung zu ermöglichen oder eine künstliche Befruchtung vorzunehmen.

Danach lässt sich nur schwer feststellen, ob der Panda trächtig ist. Eine befruchtete Eizelle befindet sich manchmal schon 6–12 Wochen in der Gebärmutter, bevor sie sich in der Gebärmutterwand einnistet und beginnt, sich zu entwickeln. Manchmal werden Embryonen unerklärlicherweise von der Mutter resorbiert, oder es treten Scheinschwangerschaften auf – Hormonhaushalt und Verhalten ändern sich, aber es gibt kein Junges.

Ob wirklich eine Schwangerschaft vorliegt, lässt sich am besten am relativen LH- und Progesteronspiegel feststellen sowie mit Ultraschall, was in den letzten 20 Tagen der 140 Tage dauernden Trächtigkeit des Weibchens möglich ist. Trotzdem sind Pandas immer für Überraschungen gut. Manchmal erfährt der Halter erst dann vom Nachwuchs, wenn das Junge zur Welt kommt.

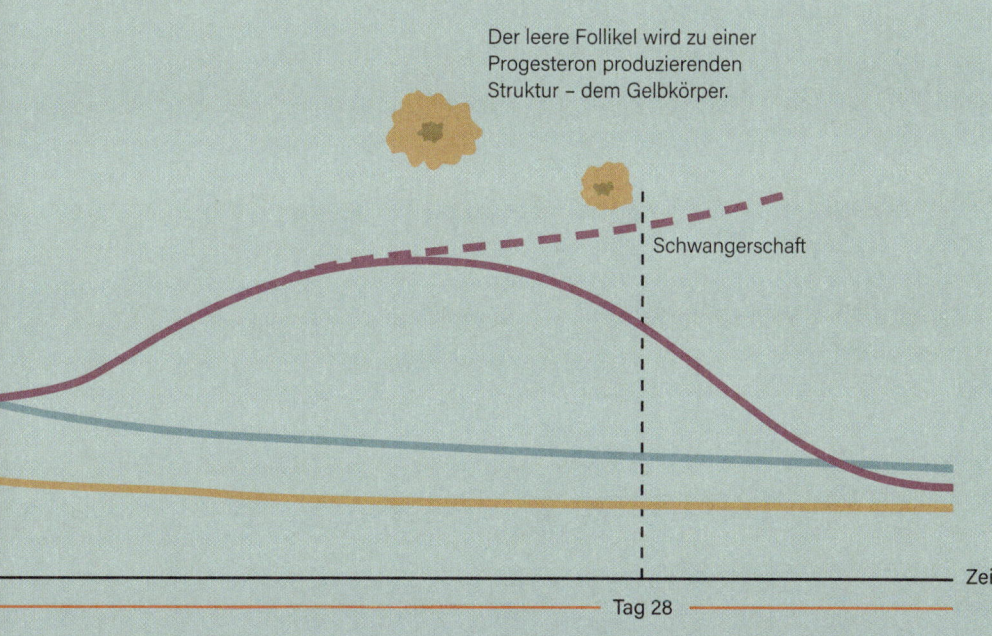

Der leere Follikel wird zu einer Progesteron produzierenden Struktur – dem Gelbkörper.

Schwangerschaft

Zeit

Tag 28

Ende August/September

FERTILITÄTSPHASEN

Die Menopause ist eine Kuriosität. Die meisten Säugetierweibchen bleiben ihr Leben lang fortpflanzungsfähig und sterben etwa dann, wenn die Eierstöcke ihre Funktion einstellen. Frauen hingegen können nach ihrer letzten Regelblutung noch Jahrzehnte leben – und sie sind nicht die Einzigen.

Wir teilen die Menopause zwar nicht mit anderen Primatenarten, aber mit einer Handvoll Meeressäugern. Dass bei Orcas und Kurzflossen-Grindwalen eine Menopause auftritt, ist bekannt, doch kürzlich wurde entdeckt, dass auch Narwal- und Beluga-Weibchen nach Ende der Fruchtbarkeit noch recht viele Jahre leben.

2018 gab es eine Studie zu 16 verschiedenen Zahnwalarten. Man untersuchte die Zähne, die aufs Alter schließen lassen, und die Eierstöcke, die Rückschlüsse auf die Fruchtbarkeit erlauben. Daraus ließ sich folgern, wie lange ein Walweibchen nach Ende der Fruchtbarkeit lebte. Die meisten Walarten waren bis zu ihrem Tod fruchtbar, doch bei Narwalen, Belugas und Kurzflossen-Grindwalen war die Lebensspanne, in der sie keine Jungen mehr bekamen, viel länger als bei anderen Arten. Das legt nahe, dass bei ihnen wie beim Menschen eine Menopause erfolgt.

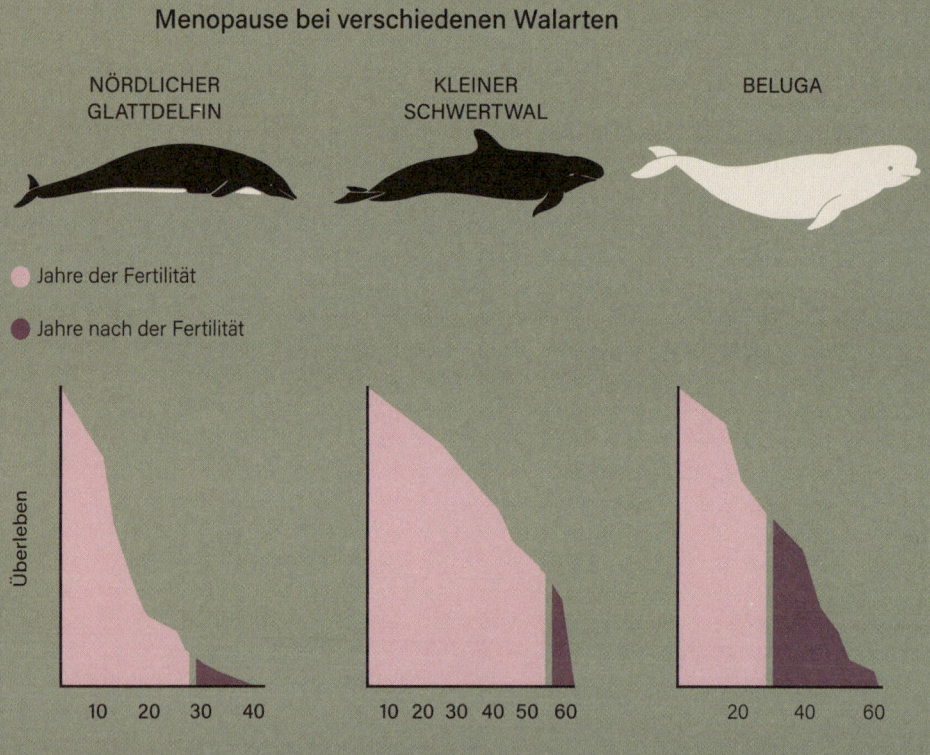

Menopause bei verschiedenen Walarten

Die Fähigkeit, auch unfruchtbar weiterzuleben, hat sich bei den Zahnwalen mindestens dreimal unabhängig entwickelt – bei Orcas, Kurzflossen-Grindwalen und beim gemeinsamen Vorfahr von Narwalen und Belugas. Aber warum? Wenn die Evolution Strategien fördert, die Organismen beim Weitergeben ihrer Gene durch Fortpflanzung helfen, warum sollte man dann Ressourcen an eine Phase verschwenden, in der kein Nachwuchs mehr produziert werden kann?

Eine mögliche Antwort liefert die «Großmutter-Hypothese». Orcas leben in großen, matrilinearen Herden, und man hat Wal-Großmütter beobachtet, die Fische mit ihren Enkeln teilen. Womöglich bringen sie den Jüngeren auch bei, Nahrung zu finden. Auf diese Weise würden sie die Wahrscheinlichkeit erhöhen, ihre Abstammungslinie zu erhalten.

Das wäre auch bei unserer Spezies denkbar, da das Überleben unserer Vorfahren in hohem Maße vom Zusammenhalt der Generationen abhing. Da Narwale, Belugas und Kurzflossen-Grindwale aber in anderen sozialen Strukturen leben, bleibt das Rätsel der Menopause ungelöst.

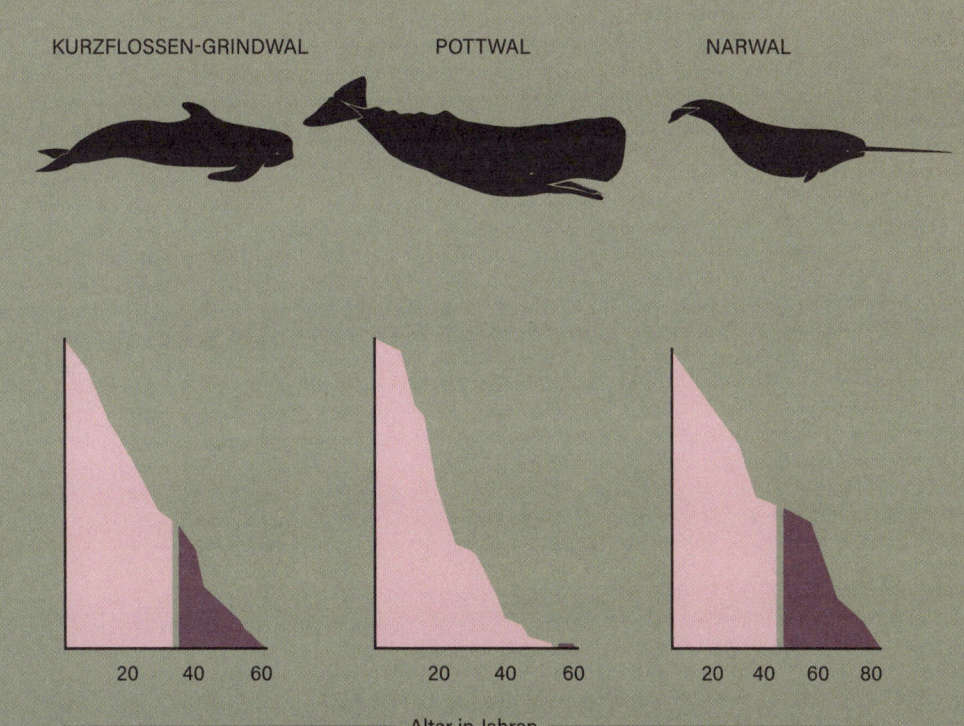

KURZFLOSSEN-GRINDWAL POTTWAL NARWAL

Alter in Jahren

LEBENSRHYTHMEN

Woher wissen Vögel, wann sie aufwachen müssen? Woher wissen Blumen, wann es Zeit zum Öffnen und Schließen der Blüten ist? Und wie bewältigen Monarchfalter ihre jährlichen Wanderungen?

All diese rhythmischen Muster des Verhaltens und der Biologie werden von biologischen Uhren gesteuert. Die meisten Tiere, Pflanzen, Pilze und Bakterien besitzen eine innere Uhr. Sie reagiert auf äußere Faktoren wie Temperatur und Tageslänge sowie innere Faktoren wie Veränderungen der Genaktivität und beeinflusst so die lebenswichtigen Prozesse von Nahrungsaufnahme, Schlaf und Fortpflanzung.

Biologische Uhren erlauben einzuschätzen, wie schnell die Zeit vergeht, und unterstützen in einigen Fällen die Navigation. Jahr für Jahr fliegen Monarchfalter Tausende Kilometer von den USA und Kanada, wo sie sich fortpflanzen, zu den Wäldern Zentralmexikos, wo sie überwintern.

Die Wanderung der Monarchfalter

Dank einer inneren Uhr in ihren Fühlern besitzen Monarchfalter ein Zeitgefühl, das ihnen ermöglicht, auch bei sich änderndem Sonnenstand konstant nach Süden zu fliegen.

SÜDEN

10 Uhr   12 Uhr   14 Uhr

Beim Flug gen Süden orientieren sich die Falter an der Sonne. Doch wenn sich der Sonnenstand ändert, müssen sie ihre Peilung anpassen, um auf Kurs zu bleiben. Dafür brauchen sie ein Zeitgefühl, das ihnen ihre innere Uhr vermittelt.

Wenn sich die zugrunde liegende Biologie nach einem 24-Stunden-Zyklus richtet, wie etwa beim Monarchfalter, spricht man von einer zirkadianen Uhr. Mittlerweile haben Wissenschaftler eine recht genaue Vorstellung von den beteiligten Zellen und Molekülen. Bei Wirbeltieren ist die Uhr in einer Gruppe von rund 20 000 Neuronen im Gehirn lokalisiert, dem Nucleus suprachiasmaticus, doch bei Schmetterlingen sitzt sie in den Fühlern. Werden die Fühler abgeschnitten oder abgedeckt, kann sich das Tier nicht mehr orientieren und verfehlt den Weg nach Süden.

Werden die Fühler abgedeckt und die Uhr damit ausgeschaltet, haben die Falter kein Zeitgefühl mehr und verlieren die Fähigkeit zu navigieren. Sie richten sich einfach nach der Sonne und können daher gefährlich weit vom Kurs abweichen.

SÜDEN

10 Uhr   12 Uhr   14 Uhr

MONDZYKLEN

Während einige Verhaltensweisen wie Nahrung suchen und blühen täglich zu steuern sind, laufen andere über viel längere Zeiträume ab. Zirkannuale Zyklen erstrecken sich über ein Jahr, Mondzyklen hingegen bestimmt der zu- und abnehmende Mond.

Bei manchen Meeresorganismen ist die Paarung mit den Gezeiten verknüpft, die ihrerseits den Mondphasen unterliegen. Jedes Jahr marschieren Millionen von Weihnachtsinsel-Krabben *(Gecarcoidea natalis)* zu Paarung und Eiablage Hunderte Meter von den Wäldern im Inneren der Insel zu den Stränden.

Weihnachtsinsel-Krabbe, benannt nach ihrer Heimat

Lebenszyklus des Samoa-Palolo

Der Lebenszyklus des Samoa-Palolo *(Eunice viridis)* ist bemerkenswert. Im dritten Viertel des Mondes geben die Würmer in drei aufeinanderfolgenden Nächten, immer ab etwa 2 Uhr für einige Stunden, ihre Geschlechtsprodukte ins Wasser ab.

Winzige, frei schwimmende Larven schweben auf den Meeresboden.

Dieses synchrone Ablaichen führt dazu, dass Eizellen und Spermien nah beieinander sind und eine Befruchtung stattfindet.

Die Larven entwickeln sich zu adulten Würmern, die sich ins Riff bohren.

Kurz vor Halbmond verändern sich die Hinterenden der Würmer: Muskeln und Organe bilden sich zurück, die Geschlechtsorgane schwellen an.

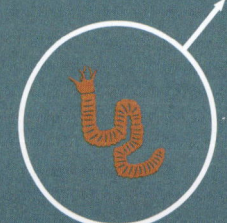

Epitoke

Atoke

Die Eiablage erfolgt stets vor der Morgendämmerung bei zurückweichender Flut und abnehmendem Sichelmond. Erstaunlicherweise wissen die Krustentiere genau, wann sie ihre Waldhöhlen verlassen müssen, um diese Verabredung einzuhalten.

Ähnlich pünktlich ist der Samoa-Palolo. Dieser Ringelwurm pflanzt sich nur im Oktober oder November bei abnehmendem Dreiviertelmond fort. Das Ereignis wird von Einheimischen sehnsüchtig erwartet, weil sie die klebrigen Geschlechtssegmente der Würmer sammeln und essen. In Butter mit Zwiebeln gebraten schmecken sie angeblich wie eine Kreuzung aus Austern und Muscheln.

Mond am Ende des dritten Viertels

Epitoken, die nicht aufgesammelt und verspeist werden, platzen und bilden eine dicke, klebrige Suppe aus Eizellen und Spermien.

Millionen von Epitoken werden gleichzeitig freigesetzt und schwimmen an die Oberfläche.

Die Würmer strecken ihre Hinterenden aus dem Riff.

In exakter Abstimmung mit der Mondphase schnüren sich die Hinterenden ab. Dieser Teil des Organismus, genannt epitokes Hinterende, kann sich selbstständig bewegen. Das Kopfende, die Atoke, bleibt mit dem Meeresboden verbunden und entwickelt ein neues Hinterteil.

WAS REINGEHT …

Was reingeht, muss auch wieder rauskommen. Nahrung gelangt durch den Mund in den Körper, und «Überbleibsel» werden durch den After ausgeschieden. Die «dazwischen» verbrachte Zeit variiert erheblich.

Zum Messen der «Darmpassagezeit» bei Tieren wendet man das Maß der «mittleren Verweildauer» (MRT) im Verdauungstrakt an. Diese entspricht der durchschnittlichen Zeit, die ein Marker im Darm verbleibt. Diese Marker können aus Nahrung, zum Beispiel Pellets oder Blättern, bestehen oder aus unverdaubaren Plastikkügelchen, die geradewegs den Körper passieren.

Generell verdauen poikilotherme (wechselwarme) Tiere Nahrung langsamer als homoiotherme (gleichwarme); große Tiere brauchen länger als kleine; Pflanzenfresser brauchen länger als Fleischfresser; Säugetiere brauchen länger als Vögel. Es gibt allerdings Ausnahmen, und die Verarbeitungszeit von Nahrung unterliegt vielen Faktoren, zum Beispiel der Anatomie, der Physiologie sowie Menge und Art der zugeführten Nahrung.

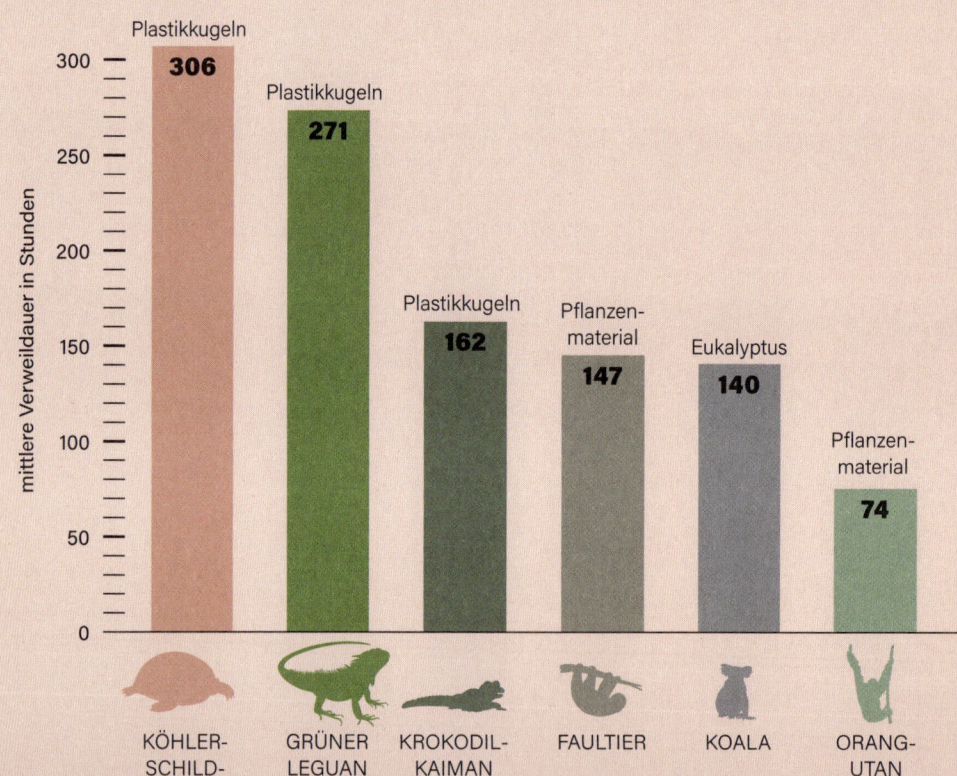

Dauer der Nahrungspassage

FAULTIERE, MOTTEN UND ALGEN

Faultiere koten nur einmal pro Woche und verlieren dabei bis zu einem Drittel des Körpergewichts. Während andere baumbewohnende Säuger wie Affen den Kot einfach zu Boden fallen lassen, klettern Faultiere vom Baum herunter und suchen immer dieselbe Stelle am Fuß des Baumes auf. Warum tun sie das, obwohl es viel Energie kostet und sie zur leichten Beute für Fressfeinde macht?

Manche vermuten, der konzentrierte Kothaufen helfe einsamen Faultieren zueinanderzufinden; andere glauben, dass die Tiere ihren Lieblingsbaum düngen. Eine weitere Erklärung betrifft die Beziehung zwischen Faultier, Motte und den auf ihm lebenden Algen. Algen, die dem Faultierfell einen grünlichen Schimmer verleihen, machen etwa 3 % der Biomasse des Faultiers aus. Faultier, Motte und Alge bilden einen Zyklus: Die Motte liefert den Algen Nährstoffe, die Algen dem Faultier und das Faultier bietet der Motte ein Zuhause und freie Beförderung. Der Faultierkot auf dem Boden ist eine wichtige Ressource für den Lebenszyklus einer Motte der Gattung *Cryptoses* (Familie Zünsler), weil sie dort ihre Eier ablegt.

Die im Faultierfell sterbenden Motten liefern Nährstoffe für die Algen, die wiederum vom Faultier gefressen werden und seinem sonst tristen Speiseplan einen willkommenen Energieschub verleihen.

Die Motten leben, paaren sich und sterben auf dem Faultier.

Faultier-Motte-Symbiose

Frisch geschlüpfte Motten fliegen zum Faultier hoch und besiedeln sein Fell.

Mottenweibchen lassen sich zum Waldboden mitnehmen und legen ihre Eier in die Faultierexkremente. Die Raupen fressen den Kot und verpuppen sich am Boden.

Körnerfrüchte	Heu	Heu	Fisch	Pellets	Getreide	Vogelfutter
48	30	25	17	13	3	2
SCHWEIN	ÖSTL. GRAUES RIESENKÄNGURU	PFERD	FELSENPINGUIN	MEERSCHWEINCHEN	RÜSSELSPRINGER	ALPENSCHNEEHUHN

ZEIT DER ENTLEERUNG

Fast alle Tiere scheiden Kot aus. Diese Exkremente variieren stark in Größe und Form. Wombats produzieren würfeligen Kot, Fuchswürstchen sind lang und gedreht, und Blauwale können bei einem einzigen Stuhlgang bis zu 200 Liter Exkremente ausscheiden.

Bei einer Studie von 2017 filmten Forscher Elefanten, Pandas und Warzenschweine im Zoo beim Koten und einen ihrer Hunde im Park. Zudem analysierten sie 19 YouTube-Videos verschiedener Säugetiere. Genau wie Menschen produzierten alle untersuchten Tiere zylindrische Exkremente, doch trotz der unterschiedlichen Größen brauchten sie zur Darmentleerung alle etwa gleich lang.

Diese erfreuliche Erkenntnis, die das Reich der Säugertiere eint, beruht auf einigen zentralen Merkmalen. Erstens üben kleine wie große Tiere beim Herauspressen von Kot in der Regel einen konstanten niedrigen Druck aus. Wir alle «drücken» ähnlich stark. Zweitens rutschen Exkremente auf einer Schleimschicht durch den Dickdarm. Größere Tiere mögen zwar längeren

Durchschnittsdauer der Darmentleerung bei Tieren

Wissenschaftler untersuchten 23 verschiedene Säugetiere, von einer 4-kg-Katze bis zu einem 5000-kg-Elefanten, und vermerkten die Darmentleerungszeiten. Es zeigte sich, dass jedes Tier trotz der großen Unterschiede im Körpergewicht zum Koten etwa 12 Sekunden brauchte.

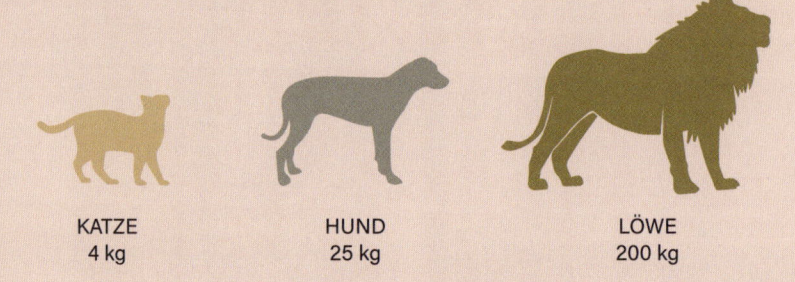

KATZE
4 kg

HUND
25 kg

LÖWE
200 kg

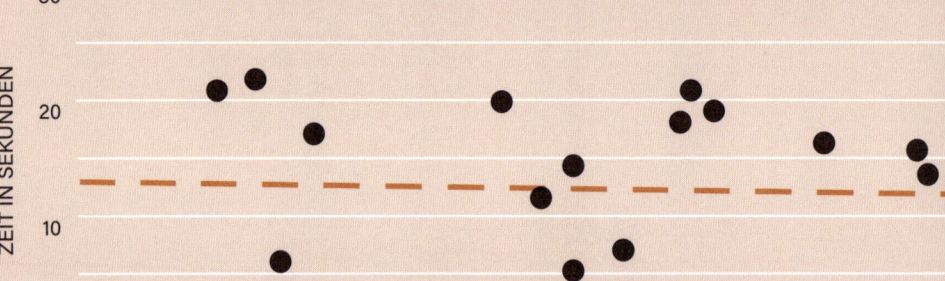

ZEIT IN SEKUNDEN

Kot und einen längeren Enddarm haben, aber ihr Schleim ist ebenfalls dicker. Da dies die Exkremente beschleunigt, können sie in derselben Zeit größere Entfernungen zurücklegen.

Dasselbe Forscherteam untersuchte auch, wie lange Säuger zum Urinieren brauchen, was zur Formulierung des «Gesetzes der Blasen-entleerung» führte. Mithilfe weiterer YouTube-Aufnahmen sammelte es Daten zu Körpergewicht, Blasendruck und Harnröhrenlänge und stellte fest, dass mittelgroße bis große Säugetiere etwa 21 Sekunden zur Ent-leerung der vollen Blase brauchen.

Die Harnröhre eines durchschnittlichen Elefanten beispielsweise ist 1 m lang und hat den Durchmesser eines Abflussrohrs. So nimmt der Urin auf seinem Weg Fahrt auf und wird trotz der großen Menge im typischen Zeitfenster ausgeschieden. Mittelgroße Tiere wie Hunde haben kürzere Harnröhren, kleinere Blasen, und der Urin fließt langsamer – so gleicht sich alles wieder aus.

● Jeder Punkt repräsentiert einen Daten-punkt eines einzelnen Tieres.

‒ ‒ Durchschnittsdauer der Darmentleerung bei verschieden großen Tieren

NASHORN
2000 kg

ELEFANT
5000 kg

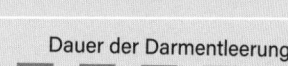

Dauer der Darmentleerung

TIEF ATMEN

Am 27. März 2021 trug sich der Kroate Budimir Šobat ins Guinnessbuch der Rekorde ein, weil er unglaubliche 24 Minuten und 37 Sekunden lang die Luft angehalten hatte. Das ist der längste freiwillige «Atemstillstand» eines Menschen, aber nichts gegen die atemberaubenden Fähigkeiten einiger anderer Säugetiere.

Auf der Pirsch nach Fischen und Tintenfischen tauchen Schnabel-wale tiefer und länger als alle anderen Säuger. 2020 ergab eine Studie zu 3680 Tauchgängen von 23 Schnabelwalen, dass die Hälfte aller Tauchgänge mehr als 1 Stunde dauerte. 1 von 20 war länger als 77 Minuten. Den Rekord hält jedoch ein Individuum, das 2014 vor der Küste Südkaliforniens 2 Stun-den und 17 Minuten unter Wasser blieb und dabei 2992 m tief tauchte. Wie machen die das bloß?

Bevor Wale tief tauchen, halten sie automatisch die Luft an, verlang-samen den Puls und leiten Blut aus den Extremitäten dorthin um, wo es am dringendsten gebraucht wird – zum Gehirn, zum Herz und zu den Muskeln. Mit zunehmender Tiefe steigt der Wasserdruck. Weil dies bei etwa 200 m die Lungen kollabieren lässt, zehrt der Wal vom Sauerstoff, der in Blut und Muskeln gespeichert ist. Zwei Sauerstoff tragende Proteine weisen bei Walen einen ungewöhnlich hohen Spiegel auf – Hämoglobin und Myoglobin. So ist Myoglobin in den Muskeln häufig tauchender Säugetiere (wie Walen, Robben und Bibern) 10-mal höher konzentriert als in menschlichen Muskeln. Das vergrößert die Sauerstoffreserven dieser Tauchspezialisten und hilft ihnen bei langen Tauchgängen.

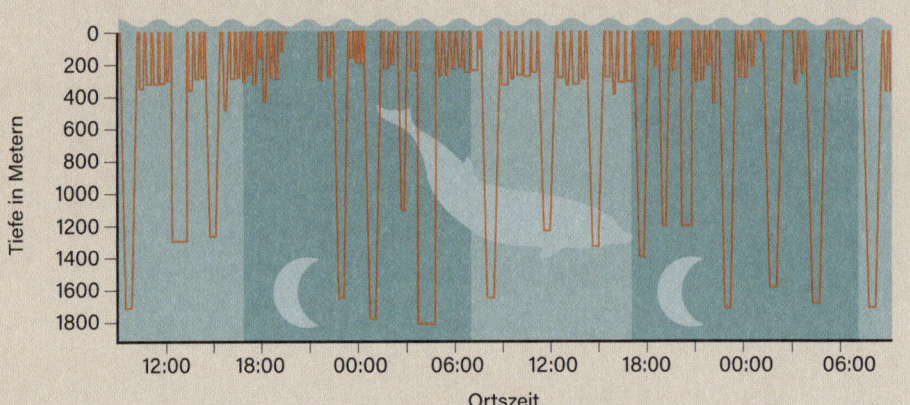

Atemanhalten bei Tauchgängen des Cuvier-Schnabelwals

Tiefe in Metern

Ortszeit

Cuvier-Schnabelwale unternehmen abwechselnd kurze, flachere und lange, tiefere Tauchgänge. Bei den meisten tiefen Tauchgängen tauchen sie etwa 1200–1800 m tief. Die Hälfte davon ist über 1 Stunde lang.

ATMEN, SCHLAFEN, SCHWIMMEN

Meeressäuger wie Robben und Wale können zwar gut den Atem anhalten, aber warum ertrinken sie beim Schlafen nicht? Große Tümmler verschlafen rund einen Drittel des Tages, aber das sind eher Nickerchen. Eine Hirnhälfte des Delfins schaltet ab, und das gegenüberliegende Auge schließt sich. Die andere Hirnhälfte bleibt wachsam, sodass das Tier nach Fressfeinden Ausschau halten und feststellen kann, wann es Zeit zum Luftholen ist. Wache Delfine holen 8- bis 10-mal pro Minute Luft, aber im Ruhezustand sinkt die Frequenz auf 3–7 Atemzüge. Nach 2 Stunden tauschen die beiden Hirnhälften die Rollen, und dann wird weitergeschlummert.

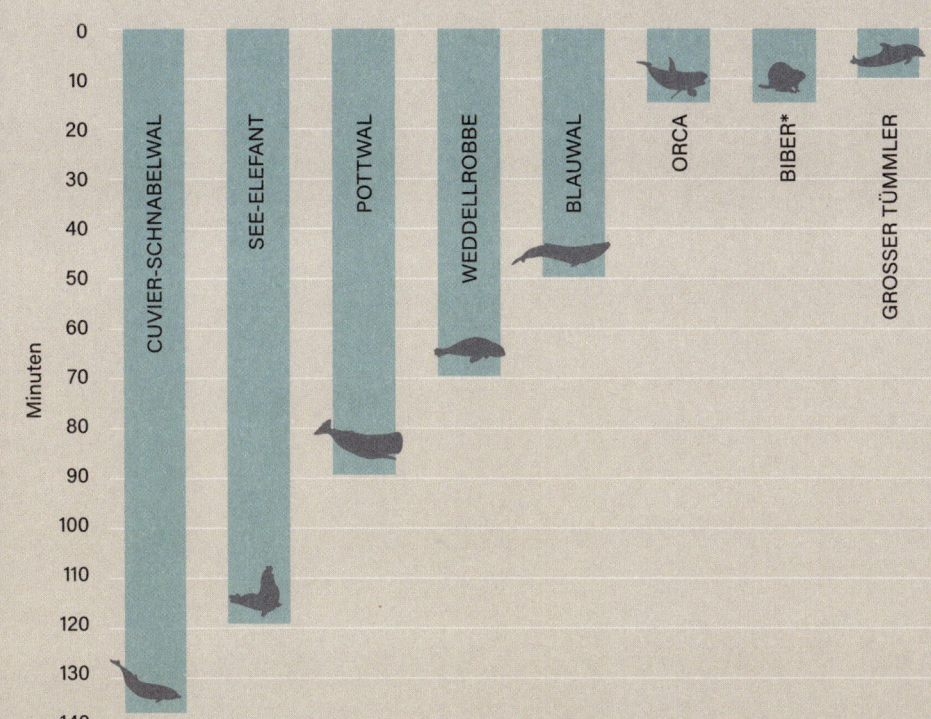

Wie lange können Meeressäuger die Luft anhalten?

Minuten

- CUVIER-SCHNABELWAL
- SEE-ELEFANT
- POTTWAL
- WEDDELLROBBE
- BLAUWAL
- ORCA
- BIBER*
- GROSSER TÜMMLER

*kein Meeressäuger

FISCH AUF DEM TROCKENEN

Mit ihrem schuppigen, stromlinienförmigen Körper sind Fische gut an das Leben im Wasser angepasst. Den zum Atmen nötigen Sauerstoff nehmen sie aus dem Wasser auf, das ihnen ins Maul und durch die Kiemen wieder nach außen fließt. Die Kiemen besitzen eine große Oberfläche und sind reich an Kapillaren – winzigen, dünnwandigen Blutgefäßen. Der Sauerstoff aus dem Wasser wird in die Kapillaren absorbiert und das frei werdende Kohlendioxid auf dem umgekehrten Weg abtransportiert. Dieser effiziente Vorgang funktioniert jedoch nur, wenn sich die Fische im Wasser aufhalten.

Holt man Fische aus dem Wasser, sterben sie normalerweise innerhalb von Minuten. Das gilt aber nicht für den Marmorierten Bachling, einen beherzten kleinen Fisch, der bis zu 66 Tage an Land überleben kann. Das schafft er allerdings nicht, indem er die Luft anhält, sondern durch Umschalten von Kiemen- auf Hautatmung.

Wie der Marmorierte Bachling den Atem anhält

Der Marmorierte Bachling lebt in den Mangrovenwäldern der südlichen USA, Süd- und Mittelamerikas.

Werden die Brackgewässer, in denen er sich aufhält, zu heiß, zu salzhaltig, zu voll oder zu trocken, katapultiert sich der Fisch mithilfe des Schwanzes aus dem Wasser an Land.

Auch einige andere Fischarten können außerhalb des Wassers atmen, allerdings für kürzere Zeit. Der Argus-Schlangenkopffisch *(Channa argus)* beispielsweise kommt als invasive Art in den USA vor, wo er als umweltschädlich gilt. Er besitzt ein ungewöhnliches Atmungssystem mit spezialisierten Strukturen oberhalb der Kiemen, die dem Fisch ermöglichen, mehrere Tage außerhalb von Wasser zu überleben. Diese Zeit nutzt er, um sich zu neuen Flüssen und Seen hinzuschlängeln, weshalb er schwer in Schach zu halten ist.

Während der Fisch auf der Suche nach einem gastlicheren Zuhause umherschlängelt, beginnt sich seine Physiologie zu verändern. Die erste, rasant ablaufende Kaskade an Änderungen erfolgt in nur einem Tag.

In längeren Trockenperioden suchen Dutzende Fische Zuflucht in feuchten Krabbenhöhlen und zwischen morschem Totholz. Im Laufe einer Woche verändert sich ihre Physiologie weiter.

innerhalb eines Tages

innerhalb einer Woche

Der Fisch bereitet sich auf das Einstellen der Kiemenatmung vor. Vier Schlüsselgene werden aktiviert und triggern die Bildung von Blutkapillaren dicht unter der Haut.

Schon nach einem Tag atmet der Fisch durch die Haut. Sauerstoff aus der Luft gelangt durch die Haut in die neu gebildeten Kapillaren. Obwohl der Fisch insgesamt weniger Sauerstoff aufnimmt, hält er die ursprüngliche Stoffwechselrate aufrecht.

Nach einer Woche haben die Kiemen ihre Arbeit völlig eingestellt. In ihnen bildet sich sogenannte interlamellare Zellmasse, damit die zarten Strukturen nicht kollabieren. Der Fisch atmet weiterhin durch die Haut, doch nun ist die Stoffwechselrate gesunken. Das ermöglicht dem Fisch, seine schwindenden Energiereserven zu strecken. Stickstoff- und andere Stoffwechselendprodukte werden nicht mehr durch die Kiemen, sondern durch die Haut ausgeschieden.

MIT JEDEM ATEMZUG

Einatmen, ausatmen und das Ganze noch mal, falls nötig. Die Atemfrequenz, also die Zahl der Atemzüge pro Minute, variiert zwischen Tierarten beträchtlich. Dabei spielen viele Faktoren eine Rolle, wie Größe, Physiologie und Aktivitätslevel. Der winzige Kolibri atmet 250- bis 300-mal pro Minute. Giraffen, die größten Landtiere der Erde, holen pro Minute nur 7-mal Luft und Alligatoren noch seltener. Bären atmen normalerweise nur 6- bis 8-mal pro Minute, doch in der Winterruhe sinkt die Frequenz erheblich. Ein schlummernder Bär in der Winterruhe schöpft nur alle 45 Sekunden Luft.

Wie viele Atemzüge pro Minute?

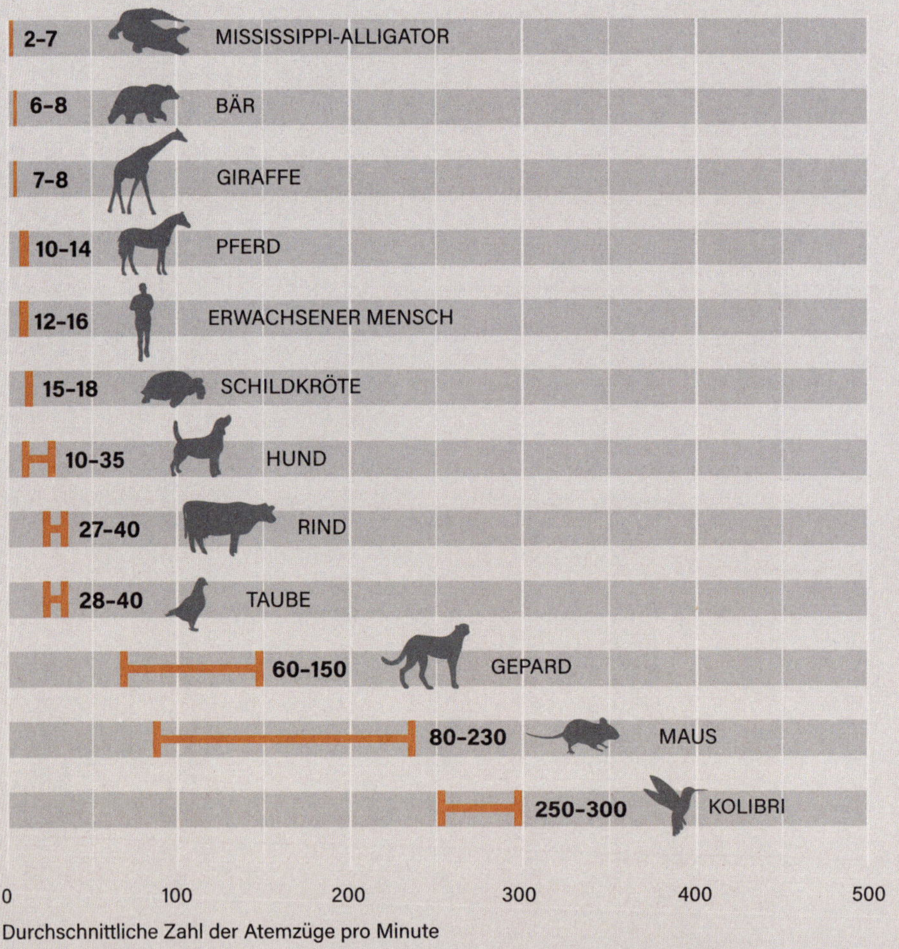

Atemzüge	Tier
2–7	MISSISSIPPI-ALLIGATOR
6–8	BÄR
7–8	GIRAFFE
10–14	PFERD
12–16	ERWACHSENER MENSCH
15–18	SCHILDKRÖTE
10–35	HUND
27–40	RIND
28–40	TAUBE
60–150	GEPARD
80–230	MAUS
250–300	KOLIBRI

0   100   200   300   400   500

Durchschnittliche Zahl der Atemzüge pro Minute

EIN FRISCHES LÜFTCHEN

Das Atmungssystem der Vögel unterscheidet sich grundlegend von dem der Säuger. Vögel haben kein Zwerchfell, wohl aber Lungen und eine Reihe von paarigen Luftsäcken, die als Blasebälge fungieren und die Luft durch die Lunge pressen.

Es braucht zwei Atemzüge, um Luft in den Vogel hinein- und wieder herauszubekommen, wobei sowohl beim Ein- als auch beim Ausatmen sauerstoffreiche Luft die Lunge passiert, was die Atmung der Vögel sehr effektiv macht.

Dieser in eine Richtung laufende Luftstrom ermöglicht es Vögeln wie der Streifengans, über den Himalaya zu fliegen, obwohl die Luft dort so dünn ist. Diese Höhenflieger wurden in Höhen von über 7000 m registriert, und wie Bergsteiger berichten, sind sie sogar über den Mount Everest geflogen. Außerdem erlaubt der unidirektionale Luftstrom den Vögeln, ohne Luftholen zu singen.

Das Atmungssystem der Taube

ERSTES EINATMEN
Luft (grün) strömt an der Lunge vorbei die Luftröhre hinab in die hintersten Luftsäcke.

Luft strömt die Luftröhre hinab.

Hinterer Luftsack

Lunge

ERSTES AUSATMEN
Luft strömt in die Lunge, wo Sauerstoff in den Körper gelangen und Kohlendioxid ihn verlassen kann.

Luft strömt in die Lunge.

Luft strömt zum vorderen Luftsack.

Verbrauchte Luft entweicht über die Luftröhre.

ZWEITES AUSATMEN
Verbrauchte Luft verlässt den Körper über die Luftröhre.

ZWEITES EINATMEN
Luft strömt von der Lunge in die vorderen Luftsäcke.

SCHALLGESCHWINDIGKEIT

1967 ließ der Biologe Roger Payne ein Mikrofon ins Meer hinab und zeichnete schier unglaubliche Klänge auf: den beeindruckenden Gesang des Buckelwals. Die Aufzeichnungen erschienen auf einer LP und halfen, ein Verbot des kommerziellen Walfangs durchzusetzen.

Schall breitet sich in Wellen aus. Die Frequenz eines Tons entspricht der Anzahl Wellen, die pro Sekunde von einer Schallquelle ausgehen, und wird in Hertz (Hz) gemessen. Lebewesen kommunizieren per Schall unterschiedlicher Frequenzen. So liegen die Lieder des Buckelwals zwischen 20 und 4000 Hz.

Die Sprechfrequenz erwachsener Menschen liegt etwa zwischen 85 und 255 Hz, doch der Umfang unseres Hörbereichs ist viel größer: 20–20 000 Hz. Schall mit einer Frequenz unter 16 Hz bezeichnet man als Infraschall, Schall über 20 000 Hz als Ultraschall. Beide sind für uns unhörbar.

Als am zweiten Weihnachtstag 2004 der tödliche Tsunami auf die Küsten Sri Lankas traf, hatten viele Tiere schon vorher die Flucht ergriffen. Man nimmt an, dass sie womöglich die tiefen Infraschallfrequenzen des Erdbebens hörten, bevor der Tsunami auf Land traf, und flohen. Sicher ist das nicht, aber wir wissen, dass viele Tiere im Infraschallbereich hören und kommunizieren.

Schallwellen und Frequenz

niedrige Frequenz und Tonhöhe

0 Hz   **20 Hz**

INFRASCHALL   HÖRBEREICH DES MENSCHEN

Wale, Elefanten, Flusspferde, Giraffen und Alligatoren kommunizieren alle über Infraschall. Tigermännchen locken mit tiefen, dröhnenden Infraschalltönen Weibchen an und vertreiben Rivalen. Elefantenrufe sind kilometerweit zu hören, und ihre Fußtritte erzeugen seismische Wellen im Infraschallbereich, die sich als unterirdisches Grollen fortpflanzen und in 10 km Entfernung von den Füßen anderer Elefanten wahrgenommen werden. So können verstreute Herden wieder zueinanderfinden. Im Wasser breitet sich Infraschall noch weiter aus. Buckelwalgesang in der Karibik kann von Artgenossen in über 6000 km Entfernung vor der Westküste Irlands wahrgenommen werden.

ELEFANTEN «HÖREN» MIT DEN FÜSSEN

Mithilfe von Druckrezeptoren im vorderen und hinteren Bereich der Fußsohle können Elefanten unterirdische seismische Wellen erspüren, die von anderen Elefanten oder gar Erdbeben erzeugt werden. Bei einem seismischen Signal verlagern Elefanten oft das Gewicht für einen besseren Kontakt der Druckrezeptoren zum Boden auf Fußspitze oder Ferse. Auch das Polster aus Fettgewebe unter der Ferse könnte hier hilfreich sein.

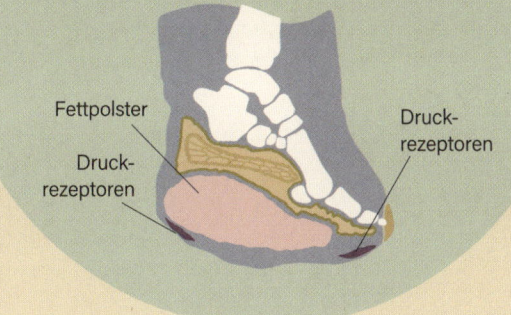

Fettpolster

Druckrezeptoren

Druckrezeptoren

hohe Frequenz und Tonhöhe

20 000 Hz

ULTRASCHALL

LEBEN MIT ULTRASCHALL

Am anderen Ende des Schallspektrums finden sich viele Tiere, die mit hoch-
frequentem Ultraschall kommunizieren. Die bekanntesten Vertreter davon
sind wohl Fledermäuse. Sie senden Ultraschallpulse aus, die von Objekten
in der Umgebung zurückprallen. Aufgrund dieser Echos können Fledermäuse Größe, Form und Entfernung der Objekte berechnen.

Weil Echoortung von Fledermäusen zum Fangen von Nachtschmetter-
lingen im Flug genutzt wird, haben diese eine clevere Gegenoffensive entwickelt. Der pelzige Brustkorb von *Antherina suraka* schluckt bis zu 85 %
des ausgesandten Ultraschalls und hilft so dem Insekt, vor Fressfeinden ver-
borgen zu bleiben. Einige Schmetterlinge lassen sich schlicht fallen, wenn
sie die Ultraschallrufe einer Fledermaus hören, andere, wie Bärenspinner,
senden als Gegenreaktion ein Klicken aus, das die Fledermausortung stört
und das Insekt unsichtbar macht. Delfine, Zahnwale, Salanganen und die
auf Madagaskar heimischen Igeltenreks nutzen ebenfalls Echoortung.

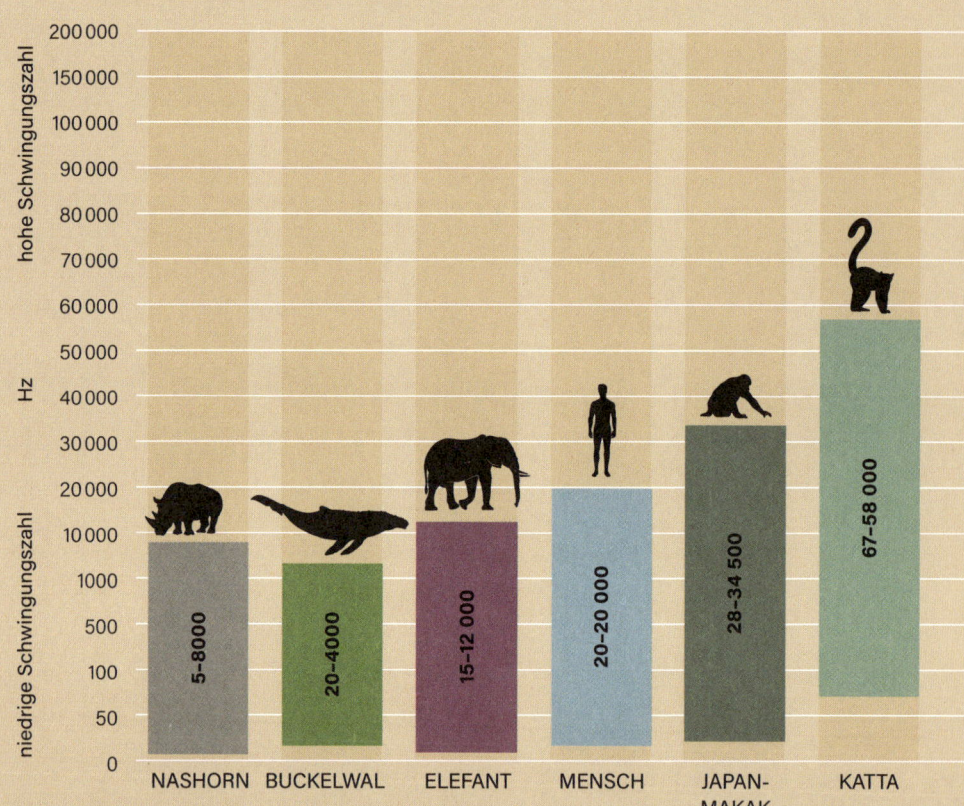

Hörbereich von Tieren

hohe Schwingungszahl

Hz

niedrige Schwingungszahl

200 000
150 000
100 000
90 000
80 000
70 000
60 000
50 000
40 000
30 000
20 000
10 000
1000
500
100
50
0

NASHORN 5–8000
BUCKELWAL 20–4000
ELEFANT 15–12 000
MENSCH 20–20 000
JAPAN-MAKAK 28–34 500
KATTA 67–58 000

Der Hörbereich von Hunden und Katzen reicht bis in den Ultraschallbereich. Hunde können Töne von bis zu 45 kHz hören, Katzen von bis zu 79 kHz. Beim Hundetraining verwendete Pfeifen erzeugen für Menschen unhörbare Ultraschallfrequenzen von 23 bis 54 kHz.

Der Frosch *Odorrana tormota* nutzt Ultraschall zur Partnersuche. Die meisten Frösche haben dicke Trommelfelle dicht unter der Haut und können nur Frequenzen unter 12 kHz hören. Die Trommelfelle von *Odorrana tormota* sind dagegen dünn und liegen tiefer im Schädel, weshalb er höhere Frequenzen wahrnehmen kann. Von Weibchen wurde Zirpen mit einer Frequenz von rund 128 kHz aufgezeichnet; auf diese Weise tragen ihre Stimmen über die rauschenden Gewässer ihrer Heimat, die heißen Quellen des Huangshan-Gebirges in China.

Bei einigen Fröschen ermöglicht ein spezielles Trommelfell das Hören hoher Frequenzen.

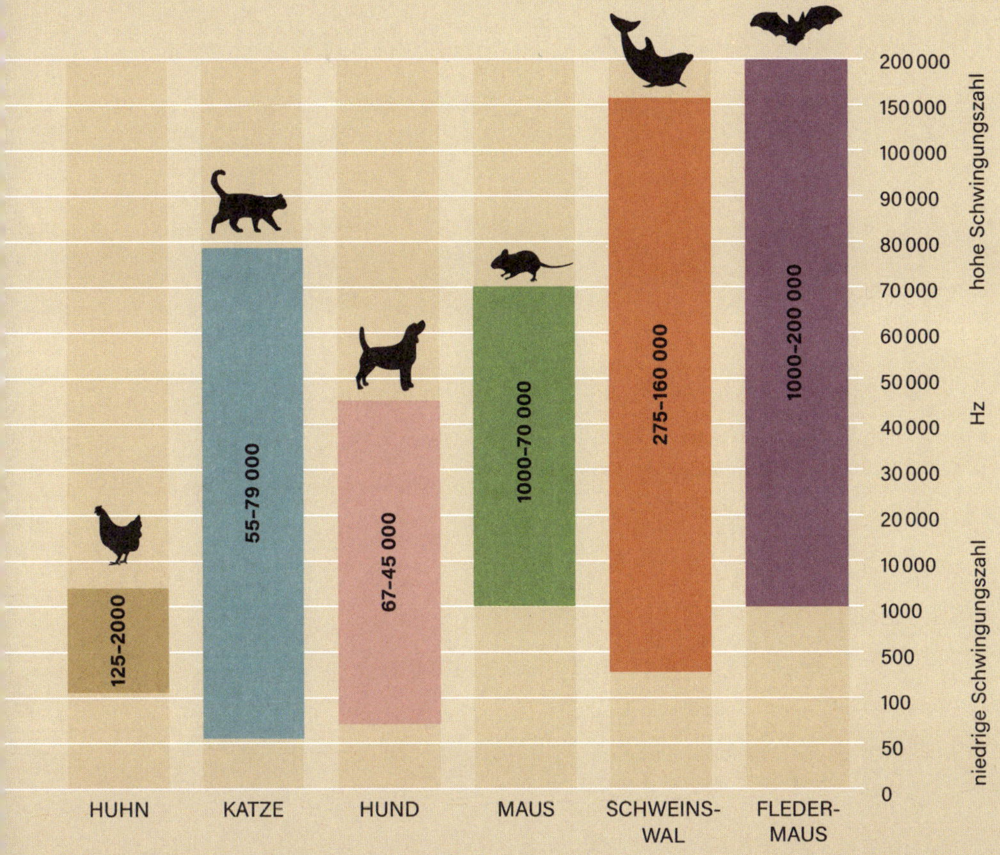

hohe Schwingungszahl

Hz

niedrige Schwingungszahl

200 000					
150 000					
100 000					
90 000					
80 000					
70 000					
60 000					
50 000					
40 000					
30 000					
20 000					
10 000					
1000					
500					
100					
50					
0					

125–2000

55–79 000

67–45 000

1000–70 000

275–160 000

1000–200 000

HUHN KATZE HUND MAUS SCHWEINS-WAL FLEDER-MAUS

WEITERFÜHRENDE LITERATUR

BÜCHER

Brusatte, Steve. *The Rise and Fall of the Dinosaurs: The Untold Story of a Lost World.* Picador, London, 2019. [Aufstieg und Fall der Dinosaurier: Eine neue Geschichte der Urzeitgiganten. Piper, 2020]

Gow, Derek. *Bringing Back the Beaver: The Story of One Man's Quest to Rewild Britain's Waterways.* Chelsea Green Publishing, Danvers, 2020.

Kolbert, Elizabeth. *The Sixth Extinction: An Unnatural History.* Bloomsbury Publishing, London, 2014. [Das sechste Sterben: Wie der Mensch Naturgeschichte schreibt. Suhrkamp, 2016]

Lloyd, Christopher & Forshaw, Andy. *The Nature Timeline Wallbook.* What on Earth Publishing Ltd, Maidstone, 2017. [Zeitreise Natur: 1000 Spezies auf 2 Metern – ein Leporellobuch. White Star, 2018]

Macdonald, Benedict. *Cornerstones: Wild Forces That Can Change Our World.* Bloomsbury Wildlife, London, 2022.

Monbiot, George. *Feral: Searching for Enchantment on the Frontiers of Rewilding.* Penguin, London, 2013. [Verwildert: die Wiederherstellung unserer Ökosysteme und die Zukunft der Natur. Matthes & Seitz, 2021]

Pilcher, Helen. *Life Changing: How Humans Are Altering Life on Earth.* Bloomsbury Publishing, London, 2020.

Roberts, Alice. *Tamed: Ten Species That Changed Our World.* Hutchinson, London, 2017. [Spiel des Lebens: Wie der Mensch die Natur und sich selbst zähmte. wbg Theiss, 2019]

ARTIKEL

Blanchard, T. S. et al. (2019). Phenotypic flexibility in respiratory traits is associated with improved aerial respiration in an amphibious fish out of water. *Journal of Experimental Biology* 222 (Pt2): jeb186486.

Brown, R. B. & Brown, M. B. (2013). Where has all the road kill gone? *Current Biology* 23 (6): R233–R234.

Ellis, S. et al. (2018). Analyses of ovarian activity reveal repeated evolution of post-reproductive lifespans in toothed whales. *Scientific Reports* 8: 12833.

Gleckler, P. J. et al. Industrial-era global ocean heat uptake doubles in recent decades. *Nature Climate Change* 6: 394–398.

Healy, K. et al. (2013). Metabolic rate and body size are linked with perception of temporal information. *Animal Behaviour* 86 (4): 685–696.

Law, A. et al. (2017). Using ecosystem engineers as tools in habitat restoration and rewilding: beaver and wetlands. *Science of the Total Environment* 605–606: 1021–1030.

More, H. L. & Donelan, J. M. (2018). Scaling of sensorimotor delays in terrestrial mammals. *Proceedings of the Royal Society B. Biological sciences* 285 (1885): 20180613.

O'Connell-Rodwell, C. E. (2007). Keeping an 'ear' to the ground: Seismic communication in elephants. *Physiology* 22 (4): 287–294.

Poppinga, S. et al. (2012). Catapulting tentacles in a sticky carnivorous plant. *PLoS ONE* 7 (9): e45735.

Reppert, S. M. (2007). The ancestral circadian clock of monarch butterflies: Role in time-compensated sun compass orientation. *Cold Spring Harbor Symposia on Quantitative Biology* LXXII: 113–118.

Santini, B. A. & Martorell, C. (2013). Does retained-seed priming drive the evolution of serotiny in drylands? An assessment using the cactus *Mammillaria hernandezii*. *American Journal of Botany* 100 (2): 365–373.

Schorr, G. S. et al. (2014). First long-term behavioural records from Cuvier's beaked whales (*Ziphius cavirostris*) reveal recordbreaking dives. *PLoS ONE* 9 (3): e92633.

Stallmann, R. & Harcourt, A. H. (2006). Size matters: the (negative) allometry of copulatory duration in mammals. *Biological Journal of the Linnean Society* 87 (2): 185–193.

Stevens, C. E. & Hume, E. D. (1998). Contributions of microbes in vertebrate gastrointestinal tract to production and conservation of nutrients. *Physiological Reviews* 78 (2): 393–427.

Talavera, G. et al. (2017). Discovery of mass migration and breeding of the painted lady butterfly *Vanessa cardui* in the Sub-Sahara: the Europe–Africa migration revisited. *Biological Journal of the Linnean Society* 120 (2): 274–285.

Therrien, F. et al. (2021). Mandibular force profiles and tooth morphology in growth series of *Albertosaurus sarcophagus* and *Gorgosaurus libratus* (Tyrannosauridae: Albertosaurinae) provide evidence for an ontogenic dietary shift in tyrannosaurids. *Canadian Journal of Earth Sciences* 58 (9): 812–818.

Trumble, S. J. et al. (2018). Baleen whale cortisol levels reveal a physiological response to 20th century whaling. *Nature Communications* 9: 4587.

Vieira, W. A. et al. (2019). Advancements to the axolotl model for regeneration and aging. *Gerontology* 66: 212–222.

White, P. W. et al. (2019). Spending at least 120 minutes a week in nature is associated with good health and wellbeing. *Scientific Reports* 9 (1): 7730.

Yang, P. J. et al. (2017). Hydrodynamics of defecation. *Soft Matter* 13 (29): 4960–4970.

Yang, P. J. et al. (2014). Duration of urination does not change with body size. *PNAS* 111 (33): 11932–11937.

Zheng, J. et al. (2018). Breeding biology and parental care strategy of the little-known Chinese Penduline Tit *(Remiz consorbrinus)*. *Journal of Ornithology* 159: 657–666.

BERICHTE

Climate Change and Marine Conservation: Supporting management in a changing environment (mccip.org.uk/sites/default/files/2021-07/mccip-sandeels-and-their-availability-as-prey.pdf)

Feeling the Heat: The fate of nature beyond 1.5ºC of global warming (wwf.org.uk/sites/default/files/2021-06/FEELING_THE_HEAT_REPORT.pdf)

ORGANISATIONEN

World Wildlife Fund: worldwildlife.org

Butterfly Conservation: butterfly-conservation.org

Svalbard Global Seed Vault: seedvault.no

BILDNACHWEIS

Der Herausgeber dankt für die Erlaubnis zur Wiedergabe von urheberrechtlich geschütztem Material:

Alamy: Gerry Bishop 111 rechts oben; Marli Wakeling 95 unten; ImageBroker 124 oben, 150 unten; Image Source 101 oben; Minden Pictures 71 oben Mitte, 172 oben; Nature Picture Library 86 unten, 88 oben links; Reuters 111 rechts unten; Sarit Richerson 111 links unten; WorldFoto 144/145

Getty: João Adélio Moreira/EyeEm 89 oben rechts

Gerald R. Allen/Western Australia Museum: 106 rechts

Julia Bartoli/Chantal Abergel/IGS/CNRS/AMU: 108 Mitte

Doklady Biological Sciences: 108 links

Science Photo Library: Expedition to the Deep Slope 2007, NOAA-OE 87 unten; Thomas Marent/Look at Sciences 90; John Serrao 140 unten

Shutterstock: Aldona Griskeviciene 125 links unten; Angelo Giampiccolo 131; Antonio Galvez Lopez 60–61; Jay Ondreicka 104 links; AyhanTuranMenekay 137 Mitte; BelezaPoy 133; Bene_A 89 unten Mitte; Binturong-tonoscarpe 105 rechts; Breck P. Kent 88 oben rechts; Butterfly Hunter 184–185; byvalet 169 rechts; Cavan-Images 153 Mitte; Chase Dekker 55; COZ 169 links (Fisch); Creeping Things 70 oben rechts; Dan Olsen 125 rechts unten; Danita Delimont 151 unten; David Havel 9; Dennis Jacobsen 150 Mitte; diegooscar01 107 Mitte; Dotted Yeti 124 Mitte; Double Brow Imagery 151 unten; Ecopix 173 oben; Edwin Godinho 100; Ekaterina Gerasimchuk 124 unten; Eric Isselee 106 links, 153 unten; Erik Mandre 104 rechts; Etienne Outram 168 rechts; Evelyn D. Harrison 123 Mitte; Facanv 193; Grzegorz Dlugosz 164; Hugh Lansdown 71 oben links; Igor Kruglikov 151 oben; irinaroma 95 oben; Israel Moran 114/115; Jiri Balek 163 links; Joshua Davenport 181; Joule Sorubou 163 Mitte; Ken Griffiths 71 oben rechts; Kerry Hargrove 78 oben; Kevin Wells Photography 123 unten; Kirk Wester 151 Mitte; komkrit Preechachanwate 137 unten; Kuttelvaserova Stuchelova 153 2. von oben; kwhw 125 links Mitte; LeoDeKol 111 links oben; lucacavallari 89 unten links; Marcin Kadziolka 110; margo_black 178/179; Mark Time Author 186; Maryna Pleshkun 107 unten; Matis75 37; MLArduengo 71 unten rechts; mnoor 162 Mitte; MZPHOTO.CZ 104 Mitte; Phuong-Thao 111 rechts Mitte; Primi2 150 oben; Ricardo.Flores 125 rechts oben; Rob Jansen 67; Ronald Shimek 130; Sallye 174; Salmeroncasanova 91 links; shymar27 89 unten rechts; slowmotiongli 162 rechts; Sue Leonard Photography 78 unten; Super Prin 149; teekayu 125 links oben; Tom Reichner 70 unten rechts; tristan tan 153 oben; Ua_Biologist 109 Mitte; Vadim Petrakov 21; vagabond54 105 Mitte; Vagabondering Andy 162 links; Vera Larina 153 2. von unten; Victoria Tucholka 107 oben; Vince Adam 201; wisawa222 119; wonderisland 89 oben links; Wonderly Imaging 123 oben; Zbigniew Guzowski 137 oben

Wikimedia Commons: 88 rechts unten (PD); Aaron Lucas (CC BY-SA 4.0) 105 links; Dr Alex Hyatt, CSIRO (CC BY 3.0) 70 oben links; CactiLegacy (CC BY-SA 4.0) 161; David V. Raju (CC BY-SA 4.0) 101 unten; Dcrjsr (CC BY-SA 3.0) 84/85; Diego Fontaneto (CC BY 2.5) 108 rechts; Ferdinand Reus (CC BY-SA 2.0) 86 oben; Guillaume Dargaud (CC BY-SA 3.0) 87 oben; © 2011 Jee & Rani Nature Photography (CC BY-SA 4.0) 173 unten; Jiang Chunsheng/doi.org/10.1038/s41598-021-92372-z (CC BY 4.0) 66; Jim Rorabaugh/USFWS (CC BY 2.0) 71 unten links; Karl Brodowsky (CC BY-SA 3.0) 91 rechts; Kembangraps (CC0 1.0) 168 links; Nico Michiels (CC BY 2.5) 172 unten; NOAA Okeanos Explorer Program, Gulf of Mexico 2012 Expedition (PD) 87 Mitte; Oskar Liset Pryds Hansen (CC BY 4.0) 109 links; Petr Hamerník (CC BY-SA 4.0) 70 unten links; S. Rae 86 Mitte (CC BY 2.0); Steve Trewick (CC BY-SA 4.0) 109 rechts; Taollan82, Kirt L. Onthank (CC BY 3.0) 88 Mitte; USDA Forest Service, White Mountain National Forest (PD) 79; writings.stephenwolfram.com/2018/01/showing-off-to-the-universe-beacons-for-the-afterlife-of-our-civilization (CC BY-SA 4.0) 169 links (Sandmuster)

Die Herausgeber möchten sich bei den folgenden Quellen bedanken:
S. 28: en.wikipedia.org/wiki/Evolution_of_the_horse#/media/File:Horseevolution
S. 56: marinesanctuary.org/wp-content/uploads/2021/01/whale-fall-poster-noaa-onms
S. 74: news.mongabay.com/2015/06/study-confirms-what-scientists-have-been-saying-fordecades-the-sixth-mass-extinction-is-real-and-caused-by-us
S. 80: oregonzoo.org/sites/default/files/gallery/images/Condor_graphic_web_H (oregonzoo.org/file/3017)
S. 138: sitn.hms.harvard.edu/flash/2018/regeneration-axolotl-can-teach-us-regrowing-human-limbs
S. 140: www.rzuser.uni-heidelberg.de/~bu6/Einleitung03.html
S. 180: learning.rzss.org.uk/mod/book/view.php?id=1277&chapterid=668

Es wurden alle Anstrengungen unternommen, um alle Rechteinhaber zu ermitteln und ihre Erlaubnis zur Verwendung des urheberrechtlich geschützten Materials einzuholen. Die Herausgeber entschuldigen sich für etwaige Fehler oder Auslassungen in den obigen Listen. Bei entsprechenden Nachweisen werden die jeweiligen Angaben in zukünftigen Auflagen selbstverständlich korrigiert.

STICHWORTVERZEICHNIS